21世纪计算机科学与技术实践型教程

李帮庆 等 编著

程序设计简明教程
（C语言版）

清华大学出版社
北京

内 容 简 介

本书以简化语法、强化程序思维训练、规范化编程为指导思想，介绍程序设计基础、编程规范和 C 程序设计，主要内容包括基本数据类型与表达式、选择控制、循环控制、数组、函数、指针与地址、结构体、文件等。全书配置了适量经典例题，可加深相应语法概念的理解。全书文字精练，例题代码规范，易学易用。书后附有四个附录可供查阅（DevCPP 软件的安装与使用、程序的编辑与调试、ASCII 码表、运算符优先级与结合方向）。

本书可配合魔灯平台使用。

图书在版编目(CIP)数据

程序设计简明教程：C 语言版/李帮庆等编著. --北京：清华大学出版社，2016（2022.3重印）

21 世纪计算机科学与技术实践型教程

ISBN 978-7-302-44069-7

I. ①程…　II. ①李…　III. ①C 语言–程序设计–高等学校–教材　IV. ①TP312

中国版本图书馆 CIP 数据核字(2016)第 132453 号

责任编辑：谢　琛
封面设计：常雪影
责任校对：李建庄
责任印制：刘海龙

出版发行：清华大学出版社
　　　　　网　　　址：http://www.tup.com.cn, http://www.wqbook.com
　　　　　地　　　址：北京清华大学学研大厦 A 座　　　　邮　　编：100084
　　　　　社 总 机：010-83470000　　　　　　　　　邮　　购：010-62786544
　　　　　投稿与读者服务：010-62776969, c-service@tup.tsinghua.edu.cn
　　　　　质量反馈：010-62772015, zhiliang@tup.tsinghua.edu.cn
印 装 者：天津鑫丰华印务有限公司
经　　销：全国新华书店
开　　本：185mm×260mm　　印　张：12　　字　数：300 千字
版　　次：2016 年 9 月第 1 版　　印　次：2023 年 2 月第 8 次印刷
定　　价：36.00 元

产品编号：070113-02

前　　言

史蒂夫·乔布斯（Steve Jobs）先生早在 1995 年曾说："每个人都应该花一年时间学习编程。"

程序设计课程作为计算机基础教育的重要部分，越来越受到重视。如何充分利用网络技术平台、激发学习兴趣、提高学习效率，一直是程序设计课程努力的目标。

近几年，以魔灯（Moodle）为代表的在线评测系统（OJ, Online Judge）的引入，计算机程序设计类课程的教学面貌已经发生了巨大变革。本书就是在这种背景下产生的。

最大的变革是教学理念。

在线评测系统是以结果为导向的评价体系，除了给教师和学生带来评测便利之外，其根本性变化在于，让教师和学生将主要精力集中到程序设计的本质上来，**这就是通过程序代码来构造、表达、计算这个世界。也就是通常所说的程序思维。**

如此一来，我们在教学过程中就不应拘泥、纠缠于某种编程工具的语法细节。尤其对于初学者，在了解了一些基本数据格式、输入输出、选择循环语句后，可立即用编程解决丰富多彩的应用问题，经历由简单到复杂、由百思不得其解到豁然开朗、由力不从心到得心应手的过程。将更多的精力投注到用编程求解问题能力的培养上。

建立程序思维的捷径就是大量的编程练习。

在这一理念指导下，一本适合当前程序设计课的教材十分必要。

本书在足够详细地讲解 C 语法的前提下，力求精练。全书配置了少而精的例题，这些例题通常用于解释基本语法或概念。这样做的目的是赋予教师和学生更多的个性施展空间，将精力集中到课堂教学和魔灯平台，尤其是魔灯平台上的由基础到进阶的各类题目。通过大量的编程实践培养兴趣、提高学习效率。

编程是一种思维训练、实现创新的活动，同时也是一门艺术。规范、漂亮的代码赏心悦目，让人享受、陶醉于编程的整个过程。然而，不规范的代码可读性差、调试困难、存在各种 bug 隐患。而编程规范是初学者容易忽略的。编程刚入门时，代码量较少，这一问题不突显。但是，这种不规范编程形成习惯，当程序代码量变大时，各种无法预测的 bug 接踵而至，给学生本人和答疑教师带来许多无谓的时间浪费。

本书将规范化代码作为一项编程基本要求，在第 1 章专辟内容介绍，并努力将编程规范贯穿全部例题。

本书原稿曾作为程序设计课程教材试用，本次出版时根据教学实践做了大量修订，使之更适合当前的网络教学环境。全书内容安排如下：第 1 章包括了程序的概念、编程规范、程序设计方法学、提问的智慧等与学习程序设计相关的基础知识；第 2 章包括数据类型、变量与常量、运算符、表达式、语句等；第 3 章介绍基本输入输出方法；第 4~11 章的内容分别是选择控制、循环控制、数组、字符数组与字符串、函数、指针、结构体、文件等。书后附录有 DevCPP 软件的安装与使用、程序的编辑与调试、ASCII 表、运算符优先级与结合方向等。

本书的所有示例程序在 DevCPP 5.11 上调试通过。

司慧琳、陈丹、孙践知、刘瑞军、张迎新、张珣、李帮庆、肖媛媛、郝建强、宫树岭、姚春莲、高丽华（按姓名笔划为序）等同志参与了本书的编著工作。程英、陈佳林等同志参与了审读、校对工作。

本书难免有错，欢迎读者提出修订意见！

作者

2016 年 6 月于北京

目　　录

第 1 章　程序设计基础与编程规范 1

1.1　程序设计与编程工具 1

　　1.1.1　程序与程序设计的概念 1

　　1.1.2　为什么要学程序设计 1

　　1.1.3　为什么要学习 C 程序设计 2

1.2　程序的基本结构和要素 3

　　1.2.1　程序的基本结构 3

　　1.2.2　输入输出 3

1.3　程序设计一般方法 3

1.4　编程规范 3

　　1.4.1　为什么要遵守编程规范 4

　　1.4.2　编程规范的基本要求 4

　　1.4.3　标识符命名 4

　　1.4.4　缩进 6

　　1.4.5　空行 7

　　1.4.6　一行只写一条语句 7

　　1.4.7　if、for、while 语句体加括号 { } 7

　　1.4.8　每行只声明同一类变量 8

　　1.4.9　函数要先声明后定义 8

　　1.4.10　注释 8

　　1.4.11　函数返回类型与 return 语句不缺省 9

　　1.4.12　例 1-1：鸡兔同笼 9

1.5　程序设计方法学 11

　　1.5.1　算法 11

　　1.5.2　算法的描述 12

　　1.5.3　程序流程图 12

　　1.5.4　算法的评价 13

1.6　提问的智慧 13

　　1.6.1　三思而后问 —— 提问之前 13

　　1.6.2　提问的技巧 14

1.6.3 技术问题应全部公开 14

1.6.4 问题解决后 14

习题 14

第 2 章 数据类型与表达式 16

2.1 标识符与关键字 16

2.1.1 标识符及其命名规则 16

2.1.2 关键字 17

2.2 数据类型 17

2.3 变量 17

2.3.1 变量的概念 17

2.3.2 变量的声明 18

2.3.3 变量的赋值 19

2.3.4 例 2-1：变量赋初值示例 19

2.3.5 变量的存储类型 20

2.3.6 const 类型变量 20

2.4 常量 21

2.4.1 直接常量（字面量） 21

2.4.2 符号常量 21

2.4.3 例 2-2：常量示例 —— 已知价格和数量，计算总价 22

2.4.4 整型常量 22

2.4.5 浮点型常量 22

2.4.6 字符型常量 23

2.4.7 字符串常量 23

2.4.8 转义字符 23

2.5 ASCII 表 24

2.5.1 ASCII 编码规则 24

2.5.2 字符与 ASCII 码的运算 25

2.6 运算符 25

2.6.1 赋值运算符 26

2.6.2 算术运算符 26

2.6.3 数据类型强制转换 27

2.6.4 逻辑运算符 28

2.6.5 关系运算符 28

2.6.6 自增自减运算符 29

2.6.7 复合赋值运算符 30

2.6.8 条件运算符 31

2.6.9 逗号运算符 31

2.6.10 sizeof 运算符 31

2.6.11　例 2-3：sizeof 操作符使用示例 —— 输出常用数据类型字节数 31
2.6.12　运算符的优先级和结合性 32
2.7　表达式 32
2.7.1　表达式的概念 32
2.7.2　数据类型转化 33
2.8　语句 34
2.8.1　赋值语句 34
2.8.2　用逗号分隔开的声明语句 35
2.8.3　变量声明时赋值 35
习题 35

第 3 章　基本输入输出 37
3.1　标准输入输出函数 37
3.2　标准输入函数 scanf() 37
3.3　标准输出函数 printf() 39
3.3.1　格式输出中常用转义字符 41
3.4　输入输出函数的应用示例 42
例 3-1：scanf() 与 printf() 应用 —— 圆面积、周长 42
习题 43

第 4 章　选择控制 44
4.1　顺序控制 44
例 4-1：交换两变量的值 44
4.2　if 选择控制语句 46
4.2.1　if 单分支语句 46
4.2.2　例 4-2：if 单分支语句 —— 成绩通过通知 46
4.2.3　if···else 双分支语句 47
4.2.4　例 4-3：if 双分支语句 —— 成绩是否通过判断 47
4.2.5　if···else if···else 多分支语句 47
4.2.6　例 4-4：if 多分支语句 —— 成绩等级转换 48
4.2.7　嵌套 if 语句 51
4.2.8　例 4-5：嵌套 if 语句 —— 闰年判断 51
4.3　switch···case 语句 53
4.3.1　switch 语句格式 54
4.3.2　例 4-6：switch 语句示例 —— 成绩等级转换 54
习题 55

第 5 章　循环控制 57
5.1　循环控制语句 57

5.2 for 语句 57
   5.2.1 for 语句的一般形式与使用说明 57
   5.2.2 for 循环注意事项 59
   5.2.3 例 5-1: for 语句 —— 计算 1+2+3+···+100 59
5.3 while 语句 60
   5.3.1 while 语句的一般形式 60
   5.3.2 例 5-2: while 语句应用 —— 计算 1+2+3+···+n 60
5.4 do···while 语句 61
   5.4.1 do···while 语句的一般形式 61
   5.4.2 do···while 循环的使用说明 61
   5.4.3 例 5-3: do···while 语句应用 —— 计算 1+2+3+···+100 62
5.5 break 语句 62
   5.5.1 break 语句使用说明 62
   5.5.2 例 5-4: break 语句应用 —— 计算 1+2+···+100 时从某项终止 63
5.6 continue 语句 63
   5.6.1 continue 语句使用说明 63
   5.6.2 例 5-5: continue 语句应用 —— 求 1+2+···+10 时跳过某项 63
5.7 goto 语句 64
   5.7.1 goto 语句的使用格式 64
   5.7.2 例 5-6: goto 语句应用 —— 求 1+2+···+n 大于 1000 的最小项 n 64
5.8 选择语句、循环语句综合编程 65
   5.8.1 例 5-7: 直角三角形图案输出 66
   5.8.2 例 5-8: 等腰三角形图案输出 69
   5.8.3 例 5-9: 空心矩形图案输出 70
   5.8.4 例 5-10: 输出水仙花数 71
   5.8.5 例 5-11: 素数判断 72
   5.8.6 例 5-12: 计算 $e^x = 1 + x + \dfrac{x^2}{2!} + \cdots + \dfrac{x^n}{n!}$ 74
   5.8.7 例 5-13: 斐波那契数列 76
习题 79

第 6 章 数组 81
6.1 一维数组 81
   6.1.1 数组的概念 81
   6.1.2 一维数组的声明 81
   6.1.3 数组元素引用 82
   6.1.4 例 6-1: 数组元素逆序输出 82
   6.1.5 一维数组的初始化 83
   6.1.6 例 6-2: 冒泡排序法 84

6.2　二维数组 ……………………………………………………………………86
　　6.2.1　二维数组的声明 ……………………………………………………86
　　6.2.2　二维数组的初始化 …………………………………………………86
　　6.2.3　例 6-3：矩阵转置 …………………………………………………87
6.3　高维数组 ……………………………………………………………………88
习题 ………………………………………………………………………………88

第 7 章　字符数组与字符串 ………………………………………………………90
7.1　字符数组 ……………………………………………………………………90
　　7.1.1　字符数组概念 ………………………………………………………90
　　7.1.2　字符数组的声明与赋值 ……………………………………………90
　　7.1.3　例 7-1：字符数组元素输出为 ASCII 码值 ………………………92
　　7.1.4　例 7-2：字符数组结束标识 …………………………………………92
7.2　字符串 ………………………………………………………………………93
7.3　字符串输入输出函数 ………………………………………………………93
　　7.3.1　函数 scanf() 和 printf() 输入输出字符串 …………………………93
　　7.3.2　例 7-3：scanf() 和 printf() 函数输入输出字符串 ………………94
　　7.3.3　函数 gets() 和 puts() …………………………………………………95
　　7.3.4　例 7-4：gets()，puts() 函数应用示例 ……………………………95
　　7.3.5　函数 getchar() ………………………………………………………96
　　7.3.6　例 7-5：getchar() 函数应用 —— 将输入的字符串逆序输出 ……96
7.4　常用字符串函数 ……………………………………………………………96
　　7.4.1　字符串长度函数 strlen() ……………………………………………97
　　7.4.2　例 7-6：strlen() 函数示例 —— 求字符串长度 …………………97
　　7.4.3　字符串连接函数 strcat() ……………………………………………97
　　7.4.4　例 7-7：strcat() 函数使用示例 —— 连接字符串 ………………98
　　7.4.5　字符串复制函数 strcpy() ……………………………………………98
　　7.4.6　例 7-8：strcpy() 函数使用示例 —— 字符串复制 ………………99
　　7.4.7　字符串比较函数 strcmp() …………………………………………99
　　7.4.8　例 7-9：strcmp() 函数应用 —— 口令系统 ……………………99
7.5　字符数组与字符串的区别 …………………………………………………101
　　例 7-10：字符数组与字符串区别示例 ……………………………………101
7.6　字符串数组 …………………………………………………………………102
　　例 7-11：字符串数组示例 …………………………………………………102
习题 ………………………………………………………………………………103

第 8 章　函数 ………………………………………………………………………105
8.1　函数概念 ……………………………………………………………………105
8.2　函数的定义 …………………………………………………………………106

8.2.1　函数的定义格式 106

8.2.2　函数的声明和调用 106

8.2.3　例 8-1：简单函数示例 106

8.2.4　函数嵌套调用 108

8.2.5　例 8-2：函数的嵌套调用 108

8.3　函数参数的传递 109

8.3.1　形式参数和实际参数 109

8.3.2　变量作为函数参数 109

8.3.3　例 8-3：函数参数传递 110

8.3.4　例 8-4：函数的多参数传递 110

8.3.5　例 8-5：函数的实参与形参同名 111

8.3.6　函数的返回值 112

8.3.7　例 8-6：函数返回值 —— 计算正方形面积 112

8.3.8　例 8-7：输出区间 [2, 5000] 上的第 n 个素数 114

8.3.9　例 8-8：自定义判断素数头文件 prime.h 116

8.3.10　例 8-9：使用自定义头文件 —— 孪生素数 117

8.4　递归函数 118

8.4.1　例 8-10：递归函数 —— 求阶乘 n! 119

8.4.2　例 8-11：递归函数 —— 求 1+2+3+···+n 120

8.5　变量作用域 120

8.5.1　作用域概念 120

8.5.2　局部作用域 121

8.5.3　例 8-12：局部变量示例 121

8.5.4　全局作用域 121

8.5.5　例 8-13：全局变量示例 —— 输入半径求圆直径、周长、面积、体积 122

习题 123

第 9 章　指针 124

9.1　地址 124

9.1.1　地址的概念 124

9.1.2　变量与地址 124

9.1.3　例 9-1：变量值与变量地址示例 125

9.1.4　数组与地址 126

9.1.5　例 9-2：数组与地址示例 126

9.2　指针 128

9.2.1　指针的概念 128

9.2.2　例 9-3：指针简单操作示例 128

9.2.3　指针运算 129

9.2.4　指向数组的指针 130

9.2.5　例 9-4：指向数组的指针示例 ……………………………… 131

9.2.6　指向字符串的指针 …………………………………………… 132

9.2.7　例 9-5：指向字符串的指针 —— 字符串小写字母变大写 …… 132

9.2.8　指向函数的指针 ……………………………………………… 133

9.2.9　例 9-6：指向函数的指针 —— 求两数中的最大数 ………… 133

9.2.10　双层指针与多层指针的概念 ………………………………… 134

9.2.11　指向指针的指针 ……………………………………………… 134

9.2.12　例 9-7：指向指针的指针示例 ……………………………… 135

9.2.13　指向二维数组的指针 ………………………………………… 136

9.2.14　例 9-8：指向二维数组的指针示例 ………………………… 136

9.2.15　指向字符串数组的指针 ……………………………………… 137

9.2.16　例 9-9：指向字符串数组的指针 —— 大写字母变小写 …… 138

9.3　函数参数的地址传递 …………………………………………………… 139

9.3.1　指针作为函数参数 …………………………………………… 139

9.3.2　例 9-10：指针作为函数参数示例 …………………………… 140

9.3.3　数组作为函数参数 …………………………………………… 141

9.3.4　例 9-11：数组作为函数参数 —— 数组元素乘 10 后输出 … 141

9.4　变量引用作为函数参数 ………………………………………………… 142

9.4.1　引用的概念 …………………………………………………… 142

9.4.2　例 9-12：变量引用示例 ……………………………………… 143

9.4.3　例 9-13：变量引用作为函数参数 …………………………… 144

习题 ……………………………………………………………………… 145

第 10 章　结构体 ………………………………………………………………… 146

10.1　结构体的概念 …………………………………………………………… 146

10.2　结构体定义格式 ………………………………………………………… 146

10.3　结构体成员访问 ………………………………………………………… 147

例 10-1：结构体应用 —— 学生结构体 ………………………… 147

习题 ……………………………………………………………………… 148

第 11 章　文件 …………………………………………………………………… 149

11.1　文件的概念 ……………………………………………………………… 149

11.2　文件读写函数 …………………………………………………………… 150

11.2.1　文件流 ………………………………………………………… 150

11.2.2　文件 FILE 的数据结构 ……………………………………… 150

11.2.3　文件结构指针 ………………………………………………… 150

11.2.4　文件的打开函数 fopen() …………………………………… 151

11.2.5　关闭文件函数 fclose() ……………………………………… 151

11.2.6　文件的读写 …………………………………………………… 152

　　　　11.2.7　例 11-1：以字符形式读写文件操作示例 152

　　　　11.2.8　例 11-2：以字符串形式读写文件操作示例 155

　　习题 156

附录 A　DevCPP 的安装与使用 157

A.1　DevCPP 简介 157

A.2　DevCPP 软件安装 157

A.3　创建桌面快捷方式和任务栏快速启动方式 160

A.4　DevCPP 的语言设置 160

A.5　DevCPP 的工具条设置 161

A.6　第一个程序 162

A.7　DevCPP 常用快捷键 163

附录 B　程序的编辑与调试 165

B.1　程序的编辑 165

B.2　程序的编译 166

B.3　程序的运行 167

B.4　程序的基本调试方法 167

　　　B.4.1　标准数据检验 167

　　　B.4.2　程序跟踪 168

　　　B.4.3　例 B2-1：插入输出语句跟踪程序 —— 冒泡排序法 168

　　　B.4.4　边界检验 169

　　　B.4.5　简化程序 169

B.5　DevCPP 的跟踪调试功能 170

　　　B.5.1　设置断点 170

　　　B.5.2　调试 171

　　　B.5.3　例 B-2：DevCPP 调试示例 —— 循环中的变量 172

附录 C　ASCII 表 175

附录 D　运算符优先级与结合方向 176

参考文献 178

第1章 程序设计基础与编程规范

本 章 要 点

- 程序设计的基础知识。
- 程序的基本结构。
- 编程规范。
- 提问的智慧。

1.1 程序设计与编程工具

程序设计（programming），经常被称为编程。那么什么是程序？为什么要学习编程？

1.1.1 程序与程序设计的概念

计算机程序（computer program）是指一组指示计算机执行的指令，通常用某种程序设计工具或语言编写，且由键盘输入的各种字符组合而成，这些字符集合就是所谓的程序代码（code）。通常，程序设计指某种求解算法用某一程序设计语言的具体实现过程。程序设计或编程的目的是以编程方式来求解某一问题，或实现某一功能。

1.1.2 为什么要学程序设计

信息技术飞速发展带来的技术与社会的变革远远超出人们的想象，而且这场巨变仍在进行中。计算机程序设计作为信息技术最基本、最重要的组成部分之一，越来越受到社会的重视。目前不少中小学已经展开了程序设计的学习，很多知名大学已经提升了程序设计在所有专业的人才培养及课程体系中的地位。

据报道，过去五年，斯坦福大学排名超越其他常春藤名校，稳居由哈佛大学制定的全美大学排行榜首位。在学生入学难度和校友捐赠数量两项评价指标中，斯坦福排名第一。入学难度决定生源质量，校友捐赠数量评价毕业生质量。据专家深度分析，斯坦福在计算机、工程技术等学科的领先地位和位于硅谷的地域优势，吸引了无数怀抱创业梦想的青年才俊。调查结果显示，有90%的斯坦福在校本科生学习过至少一门计算机程序设计相关课程。

计算机程序设计能力是现代社会人们应具备的基本素质之一。具体来说，学习程序设计的重要性体现在以下几个方面。

1. 学会程序设计能够极大拓展个人使用计算机解决问题的能力

与学习使用其他计算机软件（如操作系统、办公软件、图形图像处理软件等）不同，程序设计方法提供了一种底层的、本质的解决方式，通过算法和编程可以使用计算机解决更为复杂的、个性化的专业领域问题。

2. 学会程序设计是技术创新的根本

学会程序设计，可以很容易将自己的想法付诸实践，在整个过程中会产生无数的创意。编程水平越高，这样的创新体验就越沁人心脾。编程能更好彰显人的个性、魅力与才华。

3. 学习程序设计跟学习语言一样简单

编程就跟我们在生活中学习语言表达一样自然和简单。只要掌握简单的语法，即可进入用计算机程序解决问题的快乐过程。

4. 学习程序设计提升逻辑思维能力

编程是对问题求解过程的代码化表达，要应用大量逻辑分析，编程过程可以锻炼、训练并提高逻辑思维能力。

5. 社会需要越来越多的程序设计者

就业岗位是由社会需要决定的，而高品质的需求主要来源于具有创新性的产品和服务，而这两者都离不开程序设计。不论什么专业，程序设计水平高的同学，就业更容易、薪酬更高。

1.1.3　为什么要学习 C 程序设计

计算机编程语言或开发工具众多，为什么要学习 C 程序设计？

C 语言[①] 自 1970 年（也有文献说 1968 年和 1972 年）由美国贝尔实验室的 Ken Thompson 和 Dennis Ritchie 开发成功以来，近半个世纪过去，C 语言仍然是世界上使用最为广泛的程序设计工具。C 语法简洁、紧凑，使用方便、灵活，得到了从初学者到专业程序设计师的深爱。在主要编程语言排行榜中始终雄居前 3 位。

1983 年，贝尔实验室的 Bjarne Stroustrup 在 C 语言基础上推出了 C++。C++进一步扩充和完善了 C 语言，具有类与对象、封装、继承、重载、多态性等特性，是一种面向对象的程序设计语言。

C 语言是结构化程序设计的代表性语言，有极为丰富的教学、应用开发资源，是学习程序设计的理想选择。

以世界范围内影响最大的程序设计大赛 ACM 为例，C/C++、Java、Pascal 是其仅支持的几种编程语言。

---

① 由于 C 语言本身就表示一类程序设计语言或工具，本书在表述时大部分时候只称 C。

1.2　程序的基本结构和要素

1.2.1　程序的基本结构

通常，每个程序都包含一个或多个函数，但只有一个主函数 main()，它是程序的入口，整个程序的执行就是从这个函数开始的。没有主函数 main()，程序无法开始。

在由一对花括号（{ }）确认范围的函数内部，一般包含变量声明、变量赋值语句、执行输入输出、运算、函数调用等语句，每条语句由分号";"结束。

同时，C 本身提供了大量的完成某一类特定功能的标准库函数，如输入、输出函数，常用数学函数，字符串处理函数等。这些函数是系统预先编制好的，它们存放在不同的库文件。这类文件常被放在程序开始，所以又称为"头文件"。当需要某一库函数时，要在程序开头位置作预处理声明，格式是：

#include<头文件名>

注意：编译器在编译预处理命令时，是告诉编译器如何对源程序进行处理，其本身不属于语句范畴，所以预处理命令末尾不加分号";"。

1.2.2　输入输出

通常，程序通过输入获得要处理的数据，然后对输入数据进行处理，最后输出结果。在 C 中，输入输出是用一系列输入输出函数来完成的。这些内容在后面的章节中单独介绍。

1.3　程序设计一般方法

(1) 从问题的全局出发，将问题转化为数学语言（或代数语言）。

(2) 建立求解算法。

(3) 定义变量，选择库函数或自定义函数。

(4) 按照解决问题的顺序把语句和函数在 main() 里面像积木一样堆起来。

(5) 编辑程序代码、编译、调试、连接、生成可执行文件，运行程序、测试数据。

第 (5) 条的相关内容参见附录 B。

1.4　编　程　规　范

首先，编程是一门艺术，编程是美学的一个分支。

国际知名的算法和程序设计技术先驱、图灵奖获得者 Donald E. Knuth，在早年出版了《计算机程序设计的艺术》[①]。他在写作《计算机程序设计的艺术》和《计算机与排版》时，大量参考了美国出版的《Aesthetic Measures》(《美学标准》) 一书，将美学标准引入到程序设计中 [②]。

---

① 此书被评为 20 世纪最有影响力的 20 本书之一。

② 本书的排版使用了 Knuth 设计的 tex 格式。

其次，美观的程序，也更容易理解、便于发现错误、交流、维护，因此，好的程序除了代码本身的美感外，还有明确的实际效用。

在程序设计与开发的长期实践中，人们总结出一套行之有效的写出好程序的方法，这些方法就构成了现在具有指导意义的代码编写规范，简称编程规范。编程规范独立于编程工具和开发环境。

1.4.1　为什么要遵守编程规范

很长时间以来，在程序设计课程的教学过程中，往往只关注程序设计本身的语法和功能实现，编程规范普遍未受到重视。编写规范化的代码在软件工程学中是非常重要的。编程规范很大程度上决定着软件开发与维护的效率。

程序调试是编程过程中最耗时费神的。常见的现象是：学习理解一个算法需要一天，输入代码需要一小时，找到 bug 需要数天。数据显示，一个软件产品的生命周期中 80% 以上的时间和经费用于维护。

不规范的代码可读性差、调试困难、存在各种 Bug 隐患。而编程规范是初学者容易忽略的。编程刚入门时，代码量较少，这一问题不明显。但是，这种不规范编程形成习惯后，当程序代码量变大时，各种无法预知的 Bug 接踵而至，经常给编程者本人、答疑教师带来许多困扰，并造成无谓的时间浪费。

具体地说，养成规范的编程习惯，可以大大提高程序的阅读、理解、交流、调试、维护、升级效率。对于初学者，更有必要从一开始就培养这种习惯。其重要性可用"车同轨、书同文、度同制"作类比。

本书仅列出若干项最基本的编程规范。

1.4.2　编程规范的基本要求

(1) 可读性优先于程序运行效率。

(2) 程序结构清晰，简单易懂，单个函数（包含主函数）的程序不得超过 100 行。

(3) 程序实现的功能，要简单，直截了当，代码精炼，避免多余程序。

(4) 尽量使用标准库函数和公共函数。

(5) 不要随意定义全局变量，尽量使用局部变量。

(6) 使用括号以避免二义性。

1.4.3　标识符命名

程序代码中需要自定义的变量名、数组名、函数名、指针名等标识符，对程序可读性影响较大，规范、统一的标识符名称是编程规范的基本的要求。

标识符的命名要有明确清晰的含义，使其具有自注释功能。规范、统一的标识符使程序具有良好的可读性。

常用的标识符规范有三种：

(1) Pascal（帕斯卡）命名法或驼峰命名法。源自于 Pascal 语言的命名惯例，看上去就像骆驼峰一样此起彼伏，故又称驼峰法。其规则是，标识符一般由两个或两个以上的单词组成，每个单词的首字母大写，且中间不用下划线，如：

MyFirstName
LetterAmount
PrintEmployeePaychecks()

驼峰法也称为大驼峰法，以便与下面的小驼峰法区别。

(2) 小驼峰命名法。第一个单词小写，第二个及后面的单词首字母大写。如：

myLastName
studentScoreSum
printEmployeePaychecks()

(3) 下划线法。将不同单词间用下划线连接，如：

my_last_name
student_score_average
print_employee_paychecks()

(4) 匈牙利命名法。由一位叫 Charles Simonyi 的匈牙利程序员首创，经常用于面向对象的程序设计，如 Windows 系统及其应用软件的开发。其基本命名规则是：

属性 + 类型 + 对象描述

下面对命名的各部分做一简单介绍。

属性部分：

g：全局变量

c：常量

s：静态变量

对于局部、动态变量，属性部分可省略。

类型部分：

指针：p

函数：fn

长整型：l

布尔型：b

浮点型：f

字符串：sz

短整型：n

双精度浮点型：d

字符：ch（通常用 c）

整型：i（通常用 n）

字节型：by

描述部分：

标识符代表的对象的描述，如 Max（最大）、Min（最小）、Counter（计数）等。

匈牙利命名法举例：

---

lpszName

由 l+p+sz+Name 组成，表示 32 位字符串（字符串内容为 Name）指针。

如果标识符中有特殊约定、缩写、专业词，要有对应注释说明。

需要说明的是，有的时候，严格遵守编程规范与使用方便性不能兼得，在实际编程中，往往会根据使用环境做一定的妥协。例如：编程规范禁止诸如 a、b、c、d 这样的单字母标识符（循环变量 i、j、k 除外），但教学中用短程序来解释某一语法概念时，a、b、c、d 等作为标识符是可行的；考虑到数学的一些习惯用法，m、n、x、y、z 也经常可以作为局部变量等。

在本书中，标识符命名采用如下风格：

(1) 对于有应用背景的程序，标识符使用应用问题中该名称的英文或英文缩略词，或英文的组合式，组成时采用小驼峰命名法。如：

---

nChicken, nRabbit, nHead, nFoot	//鸡兔同笼问题中的鸡、兔、头、脚等的数量
year, month, day, leap	//闰年问题中的年、月、日、闰年
radius, area, circle	//圆半径、面积、周长

---

(2) 涉及数学问题的程序，一般与数学标记习惯相同，如：

---

a, b, c	//方程 $ax^2 + bx + c = 0$ 求解
sum, fact, ave, max, min	//和、阶乘、均值、最大、最小
a_n, a_n_1, a_n_2	//数列 a_n 的第 n、$n-1$、$n-2$ 项

---

(3) 用于解释语法概念的程序，作如下约定：

---

i, j, k, ii, jj, kk	//循环变量，数组下标
m, n, nA, nB, nC	//整型变量，nA，nB，nC 表示多个并列变量，下同
f, fA, fB, fC	//浮点型变量
ch, chA, chB, chC	//字符型变量
str, strA, strB, strC	//等字符串
arr, arrA, arrB, arrC	//数组
fun, funA, funB, funC	//函数
p, pA, pB, pC, pp	//指针，pp 用于表示双层指针

---

(4) 由两单词或多个单词组成的标识符，采用小驼峰法。

1.4.4　缩进

程序块要采用缩进风格编写。缩进可使整个程序看上去层次分明，特别是在嵌套选择、嵌套循环语句中，如果没有缩进，程序将很难理解。

缩进要求采用空格，一个缩进的空格数为 4 个。有的程序编辑器（注意不是编译器）支持 Tab 键，一个 Tab 相当于 4 个空格。但不同的编辑器设定的每个 Tab 键对应的空格数不同，可能会造成程序布局不整齐。DevCPP 软件在编辑器属性中可以设置 Tab 键的空格数。

1.4.5　空行

程序代码中的空行可以认为是一种特殊的注释，相当于普通文档的分段，插入空行使程序像搭积木那样呈模块化。每一个程序模块对应一定的功能，如变量声明、输入、变量赋初值、运算、输出都可以通过插入空行来实现相对独立的模块。

1.4.6　一行只写一条语句

一行只写一条语句，不允许把多个短语句写在一行中。下面是不符合规范示例：

```
length=0; width=0;
```

应如下书写：

```
length=0;
width=0;
```

1.4.7　if、for、while 语句体加括号 { }

在 if、for、while、switch 等语句的语句体（也称语句块），一定要加一对花括号 { }，即使执行语句体只有一行语句，也应该养成加花括号的习惯。

下面是不符合规范的示例：

```
if (i==1)
counter++;
```

规范化的写法如下：

```
if (i==1)
{
    counter++;
}
```

这一条规范有人可能不理解，因为很多时候，尤其是在初学者编写的程序中，这些语句的执行语句体只有一条语句，没必要浪费敲键盘时间。但从大量的经验来看，一旦这种不加花括号的风格养成习惯，当遇到需要执行多行语句时，会因为忘记加花括号而出错。

也有不少程序设计师喜欢将左花括号 { 直接写在 if、for、while 的圆括号"( )"后，而不是另起一行，即：

```
if (i==1) {
    counter++;
}
```

这样做的好处是可以有效避免如下的错误：

```
if (i==1);    //加分号";"后，使条件 i==1 无效
{
    counter++;
}
```

上面这类错常一旦发生，不容易发现。

1.4.8　每行只声明同一类变量

每行只声明同一类变量是指只将同一类变量放在一行。如循环变量 i, j 单独放一行，数组单独放一行等。

初学者往往喜欢在一行声明全部变量，这会降低可读性，容易出错。当变量较多，并且这些变量为不同的数据类型时，更容易出错。

下面的变量声明是不规范的：

```
int n, array[5], temp, i, j;
```

下面的变量声明是规范的：

```
int n;
int array[50];
int temp;
int i, j;
```

下面是涉及年、月、日、闰年问题时的变量声明：

```
int year, month, day;        //年、月、日变量，放一行声明
int leap=0;                  //是否闰年标识变量
```

1.4.9　函数要先声明后定义

类似于变量使用时的情况，在使用函数时，规范的程序书写顺序是：
(1) 在主函数前声明自定义函数；
(2) 主函数；
(3) 自定义函数。

1.4.10　注释

注释可以增加程序的可读性，特别程序中的关键点、难点。下面是注释的一些规范。
(1) 注释要详略得当、恰到好处。可根据程序使用者或程序的复杂度来决定注释的多少。如果是给初学者看的样例程序，注释可适当详细。一目了然的语句不加注释。
注释不是越多越好，过多的注释会使编辑器的版面显得混乱。

(2) 注释的内容要准确、清晰、简洁，避免二义性；错误的注释不但无益，甚至有害。

(3) 写注释的位置应与其描述的代码接近，一般应放在其上方或右方（对单条语句的注释）的相邻位置，不可放在下面，如放于上方则需与其上面的代码用空行隔开。

(4) 对于标识符（如变量名），如果其命名不是充分自注释的，在声明时都必须加注释。有时，即使这些标识符是自注释的，也推荐加入简要注释，可使阅读程序时的难度降低。

(5) 对典型算法、新算法、原创算法的关键点加注释。

(6) 全局变量要有详细的注释，包括对其功能、取值范围、哪些函数或过程存取它、存取时注意事项等的说明。

(7) 处理过程的每个阶段都有相关注释说明。养成边写代码边注释的习惯，修改代码同时修改相应的注释，以保证注释与代码的一致性。不再有用的注释要删除。

(8) 避免在注释中使用缩写。在使用缩写时或之前，应对缩写进行必要的说明。

(9) 为每个程序加注释。一般写在程序开头，用来说明程序功能、算法、版权、作者、日期等。

(10) 在每个自定义函数头部加注释，说明功能、参数、返回值。

DevCPP 的编译器同时支持两种形式的注释。

C 注释的格式为：

```
/* 注释文字 */
```

C++注释的格式为：

```
//注释文字
```

可根据注释的内容、长度、位置来决定采用哪种注释。

1.4.11　函数返回类型与 return 语句不缺省

声明和定义函数时，都要列出函数返回类型。不要使用系统默认。

除非函数返回类型为 void，否则都应在函数体内有 return 语句。这一点在自定义函数时比较重要。本书所有例题的主函数 main() 都有返回类型（绝大部分时候是 int），main() 内都有 return 语句，为的是培养这种良好的习惯。

1.4.12　例 1-1：鸡兔同笼

设在一只笼子里关着鸡和兔子，从键盘输入鸡和兔的总只数、总脚数。若有解，输出鸡和兔各多少只？若无解，则输出：无解。

现在用 C 程序求解鸡兔同笼问题，来体会编程规范对程序可读性、美感的影响。编程中用到的选择控制、循环控制语句会在后面的章节中介绍。

先来看比较规范的程序。

```
01  //ch1_1A.cpp
02  //编程规范示例 —— 鸡兔同笼
03
04  # include<stdio.h>
```

```
05   int main()
06   {
07      int nHead, nFoot;     //分别表示鸡兔总只数、总脚数
08      int nChicken, nRabbit;    //分别表示鸡、兔只数
09      int flag=0;    //有、无解标志，若 flag=1，找到解；若 flag=0，无解
10
11      printf("输入鸡兔总只数：");
12      scanf("%d", &nHead);
13      printf("输入鸡兔总脚数：");
14      scanf("%d", &nFoot);
15
16      //嵌套循环穷举所有可能，按条件找正确结果
17      for (nChicken=0; nChicken<=nHead; nChicken++)
18      {
19          for (nRabbit=0; nRabbit<=nHead; nRabbit++)
20          {
21              if (nChicken+nRabbit==nHead
22                     && 2*nChicken+4*nRabbit==nFoot)
23              {
24                  printf("鸡 =%d\n",nChicken);
25                  printf("兔 =%d\n",nRabbit);;
26                  flag=1;    //找到解标记
27
28                  //若找到解，解有唯一性，主函数返回 1，程序结束
29                  return 1;
30              }
31
32          }
33      }
34
35      //其他情况：无解
36      if (flag==0)
37      {
38          printf("无解 \n");
39      }
40
41      return 0;
42   }
```

对于本题，如果有解则有唯一解，程序第 29 行表示一旦找到解，主函数立即返回 1（也可以是其他整数），程序结束。这样可以减少程序不必要的运行时间，虽然节省的时间微不足道，但这样对优化程序、提高逻辑思维能力是十分必要的。如果没有第 29 行程序，程序依然可正确运行。

程序运行结果：

```
输入鸡兔总只数：10
输入鸡兔总脚数：30
鸡 =5
兔 =5
```

不规范的程序代码示例：

```
01  //ch1_1B.cpp
02  //不规范程序示例 —— 鸡兔同笼
03
04  #include<stdio.h>
05  int main()
06  {
07  int a, b, c, d, f=0;
08  printf("输入鸡兔总只数：");
09  scanf("%d", & a);
10  printf("输入鸡兔总脚数：");
11  scanf("%d", & b);
12  for (c=0;c<=a;c++)
13  for (d=0;d<=a;d++)
14  if(c+d==a && 2*c+4*d==b){printf("鸡 =%d\n 兔 =%d\n",c,d);f=1;}
15  if(f==0)  printf("无解 \n");
16  }
```

1.5   程序设计方法学

程序设计方法学（Programming methodology）是讨论程序设计理论和方法的一门学科，主要研究构造程序的过程、指导程序设计各阶段工作的原理和原则，以及依此提出的设计技术。**程序设计方法学的目标是设计出可靠、易读而且代价合理的程序。**

举例来说，在满足编程规范和程序正确的情况下，实现同一功能的程序代码可能差异很大，有的思路清晰、精炼简洁，有的逻辑混乱、臃肿冗长，根本原因在于算法的差别，这种差别往往代表编程水平的高低。在编程学习和实践的同时，一定要勤于思考、善于总结，这样才能快速提高编程水平，使自己设计的程序更加符合程序设计方法学的目标要求。

本节讨论一些与程序设计方法学相关的基本概念。

1.5.1   算法

算法（Algorithm）的定义：用于求解一个问题或实现某个目标的有限的、有序过程。简单来说，算法是解决问题的一种方法或一个过程。严格来说，算法是满足下述性质的指令序列：

(1) 输入：有零个或多个外部量作为算法的输入。

(2) 输出：算法产生至少一个量作为输出。

(3) 确定性：组成算法的每条指令清晰、无歧义。

(4) 有限性：算法中每条指令的执行次数有限，执行每条指令的时间也有限。

1.5.2　算法的描述

算法通常使用以下几种方法来描述：

(1) 自然语言。

(2) 流程图。

(3) 伪代码。伪代码是介于自然语言与编程语言之间、独立于具体的编程语言的一种算法描述方法。

(4) 程序。用某一编程语言描述。

1.5.3　程序流程图

以特定的图形符号加上说明来描述算法，称为程序流程图或框图，特点是直观形象。流程图一般由下面几种图形组成：

圆角矩形：起止框。

菱形：判断框。

平行四边形：输入、输出框。

矩形：执行框。

折线与箭头：流程方向。

下面给出两个流程图简单示例。

(1) 输入一个正整数，判断其是否为奇数，如果是，输出 yes，否则输出 no。算法流程图如图 1.1 所示。

(2) 计算 sum=1+2+⋯+n（n 从键盘输入）。算法流程图如图 1.2 所示。

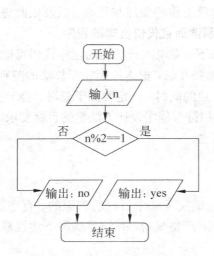

图 1.1　选择控制流程图

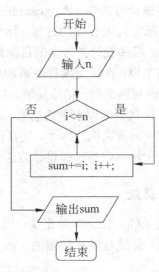

图 1.2　循环控制流程图

1.5.4　算法的评价

在设计和分析算法时，要求算法正确、简单、高效。具体有以下几项算法评价指标。

(1) 复杂度。一般用复杂度来评价算法的效率，复杂度又分为时间复杂度和空间复杂度。时间复杂度是指程序运行时对时间的消耗量，空间复杂度是程序运行时对空间资源（如存储设备）的数量要求。在实际应用，决定算法效率的因素往往比较多，需要综合考虑，平衡主要因素，达到代价合理下的最优。

(2) 正确性。

(3) 可读性。算法的可读性是指一个算法可供人们阅读的容易程度。

(4) 健壮性。健壮性是指一个算法对不合理数据输入的反应能力和处理能力，也称容错性。

1.6　提问的智慧

不论初学者还是资深专家，无一例外都会在编程中遇到各种各样问题，**解决问题的过程就是提升能力和水平的过程**。善于提问是这一过程的重要环节。现在各种专业学习论坛和交流群十分发达，有了问题几乎可以实时提问并获得解答。然而，如何提问却大有学问，对程序设计这种技术性强、操作性强的课程来说，很有必要学习一下如何提问。

首先，遇到问题一定要解决。问题没有简单和高深之分，只是在不同时段，对不同的人，有理解和未理解、解决和未解决的区别。提问是一种快速解决问题的方法，不必担心这问题是不是太简单，或者别人怎么看，因为你提问是要解决自己的问题，**问题不解决就不会进步！**

其次，**回答别人的问题是一种高效学习过程**。好的问题更是一种激励，可以激发答疑者进行探索和思考，提高编程知识的广度和深度。经常回答别人问题或参与问题讨论的同学通常是进步最快的群体。

再次，**看别人的提问和解答，也是一种学习过程**。

一个常见的现象是，**遇到问题，我们往往会不加思索立即提问，但这不应得到提倡，因为这种方法对提高编程能力帮助甚少**。

下面给出一些建议，以帮助提问者最大化利用网络便利，提高学习效率。

1.6.1　三思而后问 —— 提问之前

在提出技术问题前，检查你有没有做到：

(1) 三思而问。程序代码要认真仔细检查至少三遍，反复思考后仍然解决不了再准备提问。

(2) 阅读教材、笔记、参考资料，试着自己找答案。

(3) 在讨论区里找答案，有的讨论区会将常见问题设置专区。有的问题已经有人提问过并得到了回复。

　　初学者可能无法理解，有问题马上提问、马上得到解答不是很好么？答案是，这虽然是最快的方法，但不是最好的方法。每个问题，如果不经历反复求索的艰苦历程，很难使自己具有解决同类问题的能力，不可能做到举一反三、触类旁通、事半功倍。所以，遇到问题，自己先努力求解，培养自我解决问题的能力。从学习一门课来看，结果是事半功倍，看似慢、实则快。

1.6.2　提问的技巧

　　(1) 当你提出问题的时候，首先要说明在此之前你干了些什么，进展到什么程度。周全的思考，准备好你的问题，越表现出在寻求帮助前为解决问题付出的努力，你越能得到实质性的帮助。

　　(2) 清晰准确的语言描述你的问题，这个问题的出处、问题本身、出错信息等，这样可以让答疑者快速进入问题，减少阅读理解问题的时间。

　　(3) 如果提交程序代码，请要使用规范格式。这一点的重要性已经在前面强调过了。

1.6.3　技术问题应全部公开

　　对技术问题，在网络交流平台上不要尝试单独交流、单独提问并得到单独解答。**公开的交流会让所有参与者受益**，而且很大一部分问题都是具有代表性或共性问题，而单独交流使答疑者回答大量雷同问题，造成工作重复、资源浪费。

1.6.4　问题解决后

　　(1) 问题解决后，向所有帮助过你的人发个说明，让他们知道问题是怎样解决的，并再一次向他们表示感谢。例如，简单的一句“你好，原来是 for();{ … }多写了个分号，谢谢大家!”比什么也不说要强。

　　(2) 个人要对问题有一个注解或总结。内容可以是问题解决过程中的难点、关键点、自己的失误、改进等。

习　题

1. 为什么要学习程序设计？举例说明程序设计在您所学专业中有哪些具体应用？
2. 简述 C 语言程序设计的基本结构。
3. 简述程序设计的一般方法。
4. 为什么要遵守程序规范？
5. 标识符命名有哪些规范？
6. 程序中的缩进、空行、注释等程序规范有什么作用？
7. 什么是算法？如何评价算法？

8. 使用流程图来描述求解下列问题的算法：

(1) 判断一个数是否为偶数？

(2) 计算 1+2+3+···+1000。

(3) 从键盘输入两个正整数 M 和 N($0 < M < N \leqslant 1000$)，计算区间 $[M, N]$ 上的所有能被 5 整除的数的和。

(4) 从键盘输入一个正整数 n，输出第 n 个素数。

9. 如何使用提问来提高学习程序设计的效率？

第2章 数据类型与表达式

本 章 要 点

- 标识符与关键字。
- 数据类型的概念。
- 常量和变量的概念。
- 算术、赋值、关系、逻辑及其他运算符的使用方法。
- 表达式的概念。
- 语句的概念。

变量类型、变量、常量、运算符及其优先级、表达式、语句等，这些均是程序设计的基本概念。读者可以先对本章的内容有一个粗略的了解，然后结合后面章节的内容进行编程练习，在练习过程中遇到问题时再返回查阅、理解这些概念。这样学习效果更好。

2.1 标识符与关键字

2.1.1 标识符及其命名规则

在程序中用来标记变量、数组、函数等名称的符号统称为标识符。除库函数的函数名由系统定义外，其余函数都由用户自定义。

C 标识符的命名规则：

(1) 标识符只能由字母、数字和下划线三类字符组成。

(2) 第一个字符必须是字母（第一个字符也可以是下划线，但被视作系统自定义的标识符）。

(3) 大写字母和小写字母被认为是两个不同的字符，如 A 和 a 是两个不同的标识符。

(4) 标识符可以任意长，但只有前 32 位有效。

(5) 标识符不能是 C 的关键字。

注意：标识符除了必须遵守上面的命名规则外，还应遵循编程规范，可参考第 1 章"编程规范"中"标识符命名"的内容。

2.1.2　关键字

标识符的命名规则中，有个关键字的概念。那么什么叫关键字呢？关键字是 C 本身某些特性的一个表示，是唯一代表某一特性的标识。**在给变量命名时要避开这些关键字。**

表 2.1 列出了 ANSI[①] 标准定义的 32 个 C 关键字。

表 2.1　C关键字

auto	break	case	char	const	continue	default	do
double	else	enum	extern	float	for	goto	if
int	long	register	return	short	signed	sizeof	static
struct	switch	typedef	union	unsigned	void	volatile	while

C 还包括一些不能用做标识符的扩展关键字：

asm, cdecl, _cs, _ds, _es, far, huge, interrupt, near, pascal, _ss

2.2　数 据 类 型

数据处理是程序设计的主要任务，为提高数据处理效率，必须对数据进行分类。C 的数据类型分为三大类：

(1) 基本数据类型：布尔型、字符型、整型、浮点型[②]、空型（void）。

(2) 扩展类型：数组、结构体、联合体、枚举、类。

(3) 指针类型。

表 2.2 列出了 C 常用的基本数据类型[③]，包括类型名、长度、范围等。

表 2.2　基本数据类型

类 型 名	说 明	字 节	范 围
bool	布尔型	1	0 或 1(false 或 true)*
unsigned char	无符号字符型	1	$0 \sim 255$
char	字符型	1	$-128 \sim 127$
unsigned short [int]**	无符号短整型	2	$0 \sim 65\,535$
short [int]**	短整型	2	$-32\,768 \sim 32\,767$
unsigned int	无符号整型	4	$0 \sim 4\,294\,967\,295$
int	整型	4	$-2\,147\,483\,648 \sim 2\,147\,483\,647$
unsigned long	无符号长整型	4	$0 \sim 4\,294\,967\,295$
long [int]**	长整型	4	$-2\,147\,483\,648 \sim 2\,147\,483\,647$
long long	长长整型	8	$-9.2\text{E}+18 \sim 9.2\text{E}+18$
unsigned long long	无符号长长整型	8	$0 \sim 1.84467\text{E}+19$
unsigned long long	无符号长长整型	8	$0 \sim 1.84467\text{E}+19$
float	单精度浮点型 ***	4	$-3.4\text{E}+38 \sim 3.4\text{E}+38$

[①] ANSI：美国国家标准学会（AMERICAN NATIONAL STANDARDS INSTITUTE: ANSI）。

[②] 浮点型也称为实型，表示实数，即可以含小数。

[③] 不同编译器或编译器的不同版本，对数据类型长度的定义可能不同，要确认数据类型的长度可阅读用户使用手册或使用 sizeof 操作符。

类 型 名	说　　明	字　节	范　　围
double	双精度浮点型 ***	8	$-1.8E+308\sim1.8E+308$
long double	长双精度浮点型 ***	16	$-1.9E+4932\sim1.9E+4932$

*：一般 0 表示假，1 表示真，但大多数编译器将非 0 值都定义为真。

**：在方括号 [ ] 内关键字可缺省。

***：对于 float 型浮点数，数的表示范围为 $-3.402823E+38\sim3.402823E+38$，其中 $-1.401298E-45\sim$ $1.401298E-45$ 不可见。double 型浮点型常数的表示范围为 $-1.8E+308\sim1.8E+308$，其中 $-4.94E-324\sim$ $4.94E-324$ 不可见。对于 long double 类型的浮点数也有类似情况，在此略。

现在来解释一下数据类型与范围的关系。举例来说，对于数据类型为短整型 short 的变量，其长度为 2，也就是占 2 个字节的内存单元，最高位是符号位，用来标识正负号（二进制 0 表示正、1 表示负），其余的 15 位可存储数值部分。因此 short 类型可存储整数的范围为 $-2^{15}\sim2^{15}-1$，即 $-32\,768\sim32\,767$。对于无符号整型，其占用的 2 个字节 16 位存储空间全部存放数值，因此范围为 $0\sim2^{16}-1$，即 $0\sim65\,535$。其他数据类型的长度与数值范围类似。

2.3　变　　量

2.3.1　变量的概念

什么是 C 的变量？

其值可以改变的量称为变量。一个变量必须有一个标识符来标记变量，这个标识符叫变量名或变量标识符。

变量在使用之前必须先声明。C 程序在执行变量声明语句时，会在计算机内存中分配一块连续存储单元给该变量。变量声明一般放在函数体的开头部分。

变量名和变量值是两个不同的概念。

变量值是存放在该变量内存单元上的数据。由于数据类型有多种，如整数、浮点数（可能含有小数的实数）、字符等，那么对应的变量就有整型变量、浮点型变量、字符型变量等。

变量还有其他的具体分类。整型变量还可具体分为无符号型、长整型和短整型。浮点型也可分为单精度型、双精度型和长双精度型等。此外还可以分为静态变量、外部变量、寄存器变量和自动存储变量。

2.3.2　变量的声明

C 变量声明的格式为：

类型说明符　变量名 1, 变量名 2, …;

在书写变量声明时，应注意以下几点：

(1) 允许在一个类型说明符后，声明多个相同类型的变量。各变量名之间用逗号间隔。类型说明符与变量名之间至少用一个空格间隔。

(2) 最后一个变量名之后必须以分号 (;) 结尾。

(3) 变量声明必须放在变量使用之前。一般放在函数体的开头部分。

如果变量声明与初值同时进行，我们将其称为变量定义。下面是一些变量声明或变量定义示例：

```
int n;                      //声明一个整型变量
long nA, nB, nC, total;     //声明多个长整型变量, 变量间用逗号隔开
float f, fA=9.8, fB;        //声明三个浮点型变量, 部分变量赋值
double price=123.678;       //声明一个双精度浮点型变量并赋值
char ch, chA, chB='B';      //声明三个字符型变量, 部分变量赋值
char a='a';                 //声明一个字符型变量, 变量名与变量值易混, 不推荐
```

2.3.3　变量的赋值

变量可以先声明再赋值，也可以在声明的同时进行赋值；在声明变量的同时赋初值称为初始化，这一过程就是变量的定义。

变量定义的格式为：

类型说明符　变量 1= 值 1, 变量 2= 值 2, …;

例如：

```
int i=0, j=1, counter=0;
float fA=3.2, fB=3.0, fC=0.75;
char chA='K', chB='P';
```

注意，在 DevCPP 中，虽然编译器允许连续赋值，如：i=j=k=5，但不推荐这样的写法。这样的代码明显降低了程序的可读性，因为赋值操作符 = 易与数学中的等号 = 混淆。

来看一个变量初始化的例子。

2.3.4　例 2-1：变量赋初值示例

```
01  //ch2_1.cpp
02  //变量赋初值示例
03
04  #include<stdio.h>
05  int main()
06  {
07      int nA,nB,nC;
08
09      nA=2;
10      nB=5;
11      nC=nA+nB;
12
```

```
13      printf("nA=%d\n",nA);
14      printf("nB=%d\n",nB);
15      printf("nA+nB=%d\n",nC);
16
17      return 0;
18  }
```

程序运行结果：

```
nA=2
nB=5
nA+nB=7
```

2.3.5 变量的存储类型

变量存储类型指的是数据在内存中存储的方式。变量的存储方式可以分为两类：静态存储类和动态存储类。主要有三种：自动型（auto）、静态型（static）、寄存器型（register）。

局部变量[①]有三种存储方式：自动型、静态型和寄存器型。下面作一简单介绍。

(1) 自动变量：如果函数中的局部变量如不特别申明为 static 存储类型，都是动态地分配存储空间，数据存储在动态存储区。在调用函数时，系统会给数据分配存储空间，在函数调用结束时就会释放这些存储空间。自动变量用关键字 auto 作为存储类别的申明，一般省略。

(2) 静态变量：自动变量在函数调用结束后其所占用的内存空间会被释放，有时希望函数中的局部变量的值在函数调用结束后不消失而保留原值，即其占用的内容空间不被释放，在下次调用时，该变量已有值，这时就可以声明局部变量为"静态局部变量"，用关键字 static 进行声明。

说明：局部静态变量是在静态存储区分配存储单元的，在整个程序运行期间都不释放；局部静态变量是在程序编译过程中被赋值的，且只赋值一次，在程序运行时其初值已经确定，以后每次调用函数时不再赋值，而是保留上一次函数调用结束时的值。

(3) 寄存器变量：C 允许将局部变量的值放在 CPU 中的寄存器中，需要时直接从寄存器中读取数据，不必再到内存中读取数据，这种变量称为寄存器变量，用关键字 register 声明。

2.3.6 const 类型变量

const 是一个 C 关键字，它限定一个变量不允许被改变，因此也称常变量。const 类型的变量一经定义不能再次赋值，即具有只读性。例如：

```
const int MAX=100;
const float PI=3.14;
```

---

① 局部是表示作用域范围的概念，参见第 8 章。

注意：const 类型的变量在声明时必须同时赋值，即声明与定义同时进行。下面的语句是非法的：

```
const int MAX;
MAX=100;
```

使用 const 类型变量的优点是便于编译器做类型检查、使变量一改全改、增加程序健壮性、提高存储效率。从功能上讲，const 类型变量与预处理宏命令 #define 定义的符号常量类似，可以将 const 定义的常变量作为常量处理（注意是当作常量处理，不是常量），但 const 变量定义时与一般变量定义格式类似，因此更方便一些。

2.4　常　　量

在程序执行过程中，其值不发生改变的量称为常量。按数据类型分类，可分为整型常量、浮点常量、字符常量、字符串常量等。

2.4.1　直接常量（字面量）

可以直接拿来用，无须任何说明的量，例如：

```
12, 0, −3              //整型常量
4.6, −1.23             //浮点型常量
'a', 'b', 'A', 'B'     //字符常量
"Computer Programming" //字符串常量
```

2.4.2　符号常量

用一个标识符来表示一个常量，称之为符号常量。

说明：符号常量在使用之前必须先定义，其一般格式为：

#define 标识符　常量

其中 #define 是一条预处理命令（预处理命令都以"#"开头），称为宏定义命令，其功能是把该标识符定义为其后的常量值。一经定义，以后在程序中所有出现该标识符的地方均以该常量的值代替。

注意：以 # 开头的预处理命令，不是语句，不使用分号";"结尾。

习惯上符号常量的标识符用大写字母，变量标识符用小写字母，以示区别。例如圆周率常量 PI 可用下式定义：

```
#define PI 3.14
```

下面是符号常量的例子。

2.4.3　例 2-2：常量示例 —— 已知价格和数量，计算总价

```
01    //ch2_2.cpp
02    //常量示例 —— 已知价格和数量，计算总价
03
04    #include<stdio.h>
05    #define PRICE 30
06    int main()
07    {
08       int n,total;
09
10       n=10;
11       total=n* PRICE;
12       printf("total=%d\n",total);  //输出：total=300
13
14       return 0;
15    }
```

符号常量的两点说明：

(1) 符号常量与变量不同，它的值在其作用域内不能改变，不能再被赋值。

(2) 使用符号常量的好处是：含义清晰；能做到"一改全改"。

2.4.4　整型常量

整型常量可以是长整型、短整型、有符号型、无符号型。其长度和范围可参看表 2.2。

常量的前面有符号 0x（注意：**0x 中的 0 是数字 0（零）**），这个符号表示该常量是十六进制表示。如果前面的符号只有一个数字 0，那么表示该常量是八进制。

可以在常量的后面加上符号 L 或者 U，来表示该常量是长整型或者无符号整型，如：

```
22388L            //十进制
0x4efb2L          //十六进制
075U              //八进制
```

注意：后缀可以是大写，也可以是小写。

2.4.5　浮点型常量

一个浮点型常量由整数和小数两部分构成，中间用十进制的小数点隔开。有些浮点数非常大或者非常小，用普通方法不容易表示，可以用科学计数法（或指数方法）表示。下面是几个实例：

3.1416
1.234E−30
2.47E201

注意：在 C 中，浮点数的大小也有一定的限制，参见表 2.2。

在浮点型常量里也可以加上后缀。下面的例子是将浮点型常量赋值给浮点型变量。

float fA=1.6E10F;　　　　　　//有符号浮点型
long double fB=3.45L;　　　　　//长双精度型

注意：后缀可大写也可小写。

浮点型常量的几点说明：

(1) 浮点常数只有一种进制（十进制）。

(2) 所有浮点常数都被默认为 double 型。

(3) 绝对值小于 1 的浮点数，其小数点前面的零可以省略，如 0.22 可写为 .22，−0.0015E−3 可写为 −.0015E−3。

(4) C 默认格式输出浮点数时，保留小数点后六位。使用输出流对象 cout 输出时，浮点数输出默认为 6 位（整数与小数部分合起来 6 位），整数部分超过 6 位时，默认以科学计数法显示。

2.4.6　字符型常量

字符常量是用单引号括起来的单个普通字符或转义字符。如：

'A', '\x2f', '\013';

其中，\x 表示后面的字符是十六进制数，\0 表示后面的字符是八进制数。

注意：在 C 中，字符型常量表示数的范围是 −128 到 127，除非将其声明为 unsigned，这样就是 0 到 255。

2.4.7　字符串常量

字符串常量就是一串字符，用双引号括起来表示，举例如下。

"large, cat−like animals"　　　//一个字符串
""　　　　　　　　　　　　　//一个空字符串
"　"　　　　　　　　　　　　//含一个空格的字符串

2.4.8　转义字符

转义字符就是与其字面含义不同的字符，它告诉编译器需要用特殊的方式进行处理。表 2.3 给出所有的转义字符和所对应的含义。

表 2.3　转义字符

转 义 字 符	含 义
\'	单引号
\"	双引号
\\	反斜杠
\0	空字符
\0nnn	八进制数
\a	声音符
\b	退格符
\f	换页符
\n	换行符（将当前位置移至下一行开头）
\r	回车符（将当前位置移至本行开头）
\t	水平制表符
\v	垂直制表符
\xdd*	十六进制符
\ddd**	十六进制符

*：\xdd 中 x 后的 dd 表示十六进制数。

**：\ddd 中 ddd 表示八进制数。八进制数也可以用 \0ddd 表示。

2.5　ASCII 表

在编写处理字符、字符串、文件的程序时会经常使用 ASCII 表，为查阅方便，本书将 ASCII 表作为附录形式单独列出，参见附录 C。

ASCII（American Standard Code for Information Interchange，美国标准信息交换代码）是基于拉丁字母的一套计算机编码系统，它是现今最通用的单字节编码系统。

在计算机中，所有的数据在存储和运算时都要使用二进制数表示，像 52 个英文字母（包括大写）以及 0~9 等数字还有一些常用的符号（例如*、#、@ 等）在计算机中存储时也要使用二进制数来表示。为便于存储和交流，美国有关的标准化组织就出台了 ASCII 编码，统一规定了上述常用符号的二进制数表示。

2.5.1　ASCII 编码规则

下面简要介绍一下 ASCII 编码规则。

ASCII 码使用指定的 7 位或 8 位二进制数组合来表示 128 或 256 种可能的字符。标准 ASCII 码使用 7 位二进制数来表示所有的大写和小写字母，数字 0 到 9、标点符号以及在美式英语中使用的特殊控制字符。

(1) 0~31 及 127（共 33 个）是不能显示的控制字符或通信专用字符（其余为可显示字符），例如：

控制符：LF（换行）、CR（回车）、FF（换页）、DEL（删除）、BS（退格）、BEL（响铃）等；

通信专用字符：SOH（文头）、EOT（文尾）、ACK（确认）等；

ASCII 值为 8、9、10 和 13 分别转换为退格、制表、换行和回车字符。

这些字符并没有特定的图形显示，但会依不同的应用程序，而对文本显示有不同的影响。

(2) 32~126（共 95 个）是字符（32 是空格），其中：

48~57 为 0~9 的 10 个阿拉伯数字；

65~90 为 26 个大写英文字母；

97~122 为 26 个小写英文字母；

其余为一些标点符号、运算符号等。

(3) 在标准 ASCII 中，其最高位用作奇偶校验位。所谓奇偶校验，是指在代码传送过程中用来检验是否出现错误的一种方法，一般分奇校验和偶校验两种。奇校验规定：正确的代码一个字节中 1 的个数必须是奇数，若非奇数，则在最高位添 1；偶校验规定：正确的代码一个字节中 1 的个数必须是偶数，若非偶数，则在最高位添 1。

(4) 后 128 个称为扩展 ASCII 码。许多基于 x86 的系统都支持使用扩展（或“高”）ASCII。扩展 ASCII 码允许将每个字符的第 8 位用于确定附加的 128 个特殊符号字符、外来语字母和图形符号。

2.5.2　字符与 ASCII 码的运算

字符与对应的 ASCII 码支持比较大小和加减运算，运算结果与字符在 ASCII 表中的位置（或码值）相关。另外注意，加减运算的结果要在 ASCII 码范围内才有意义。例如下面的表达式是正确的。

```
'0'<'9'
'9'<'A'
'A'<'Z'
'Z'<'a'
'a'<'z'
'0'+5=='5'
'A'+32=='a'
'A'+3=='D'
```

2.6　运　算　符

程序的基本功能是对数据进行处理，这就需要使用各种运算操作，如常用的加、减、乘、除、判断大小或相等关系，都要使用相应的运算符。

运算符是说明特定操作的符号。运算符是构造表达式的工具。C 的运算异常丰富，除了控制语句和输入输出以外，几乎所有的基本操作都作为运算符处理。

算术运算符、关系运算符与逻辑运算符是最常用的三类运算符，除此之外，还有一些用于完成特殊任务的运算符，比如位运算符。

运算符又可细分为：赋值运算符、算术运算符、逻辑运算符、位逻辑运算符、位移运算符、关系运算符和自增自减运算符等。

大多数运算符都是双目运算符，即运算符位于两个表达式之间。单目运算符的意思是运算符作用于单个表达式。

2.6.1　赋值运算符

赋值语句的作用是把某个表达式的值赋值给一个变量，符号为 =。这里并不是等于的意思，只是赋值。逻辑关系"等于"用 == 表示。

关于赋值语句，特别注意以下几点：

(1) 变量在声明同时，可直接赋值。如：**int** counter=0;。

(2) 赋值语句左边的变量必须在赋值前的程序中声明。

(3) 赋值语句具有方向性，是从右向左操作，即赋值时将等号 = 右侧的表达式值赋值给左侧的变量。

(4) 未赋值的变量不可以给其他变量赋值。

已赋值的变量称为左值，因为它们出现在赋值语句的左边；被赋值的表达式称为右值，因为它们出现在赋值语句的右边。常量只能作为右值。

例如：

```
counter=5;
m=n=0;        //赋值运算结果：m=0,n=0
```

第一个赋值语句大家都能理解。第二个赋值语句的意思是把 0 同时赋值给两个变量。这是因为赋值语句是从右向左运算的，也就是说从右端开始计算。这样它先运算"n=0"；然后再运算"m=n"；最后 m、n 的值都为 0。

下式为非法赋值表达式：

```
(m=n)=0;
```

根据运算优先级（参见附录 D），先要算括号里面的，这时 m=n 是一个表达式，而赋值语句的左边是不允许表达式存在的。

2.6.2　算术运算符

C 有两个单目和五个双目运算符，参见表 2.4。

单目减运算符相当于取相反值，若是正值就变为负值，若是负数就变为正值。

单目加运算符没有意义，纯粹是和单目减构成一对用的。

下面是一些赋值语句的例子，在赋值运算符右侧的表达式中就使用了上面的算术运算符：

```
area=height*width;
n=nA+nB/nC−nD;
```

运算符也有个运算顺序问题，先算乘除再算加减，单目正和单目负又先于乘除运算。

表 2.4　算术运算符

类　型	符　号	功　能
单目	+	单目正
	−	单目负
双目	*	乘法
	/	除法
	%	模（求余）
	+	加法
	−	减法

模运算符 % 用于计算两个整数相除所得的余数。例如：

n=7%4;

最终 n 的结果是 3，因为 7 除 4 的余数是 3。

下面的运算表达式：

n=7/4;

表示 n 就是它们的商了，运算结果是 1。

也许有人不明白了，7/4 应该是 1.75，怎么会是 1 呢？这里需要说明的是，当两个整数相除时，所得到的结果仍然是整数，没有小数部分。要想得到小数部分，可以这样写 7.0/4 或 7/4.0 或 7.0/4.0，即把其中至少一个数变为非整数。另一种方法就是使用数据类型的强制转换。

2.6.3　数据类型强制转换

那么怎样由一个浮点数得到它的整数部分呢？这就需要用强制类型转换了。例如：

n=(**int**) (7.0/4);

因为 7.0/4 的值为 1.75，如果在前面加上 (**int**) 就表示把结果强制转换成整型，这就得到了 1。(**int**) 的功能是取整，且取整时将整个小数部分舍去。

现在看下面两个赋值语句：

```
nA=(float) (7/4);          //nA=1
nB=(float) 7/4;            //nB=1.75
```

根据运算规则，很容易理解 nA 的结果是 1，nB 的结果是 1.75。这是因为圆括号"()"的运算优先级是最高，第一个语句在强制转换时，操作的数是第二个圆括号"()"内表达式 7/4 的结果 1；而第二个语句先将 7 转换为浮点数 7.0，再去除 4，结果是 1.75。

2.6.4　逻辑运算符

逻辑运算符是根据表达式的值来返回真值或假值。其实，C 没有所谓的真值和假值，仅规定：**非零为真值，零为假值**，因此，所有表达式都可以作为逻辑值。逻辑运算符如表 2.5 所示。

例如：

```
5 ! 3;
0 || 2 && 5;
! 4;
```

逻辑运算规则可参看表 2.6~表 2.8。

表 2.5　逻辑运算符

符号	功能
&&	逻辑与
||	逻辑或
!	逻辑非

表 2.6　逻辑与运算

&&	真	假
真	真	假
假	假	假

表 2.7　逻辑或运算

||	真	假
真	真	真
假	真	假

表 2.8　逻辑非运算

!	真	假
	假	真

注意：当一个逻辑表达式的后一部分的取值不会影响整个表达式的值时，后一部分就不会进行运算了。例如：

```
int m=100, n=1;
m || (n–1);
```

因为 m=100，为真值，逻辑运算自左向左，所以不管 (n–1) 是不是真值，总的表达式一定为真值，这时后面的表达式就不会再计算了。

2.6.5　关系运算符

关系运算符是对两个表达式进行比较，返回一个真/假值。关系运算符有六种，参见表 2.9。

这些关系运算符很容易明白，主要问题就是等于（==）和赋值等号（=）的区别了。初学者经常在一些简单问题上出错，自己检查时还找不出来。看下面的代码：

```
if (amount=123)     //表达式中只含一个等号
{
    ⋮
}
```

表 2.9 关系运算符

符 号	功 能
>	大于
<	小于
>=	大于等于
<=	小于等于
==	等于
! =	不等于

初学者可能会想，如果 amount 等于 123，就怎么样。其实这行代码的含义是：先做赋值运算"amount=123"，然后判断这个表达式是不是真值，因为结果 123 是真值，那么就接着执行 if 后由花括号 ({ }) 括起来的语句体。如果想让当 amount 等于 123 才运行时，正确的代码是：

```
if (amount==123)    //表达式中含两个等号
{
    :
}
```

出现上述错误的根本原因是，数学中的等号与 C 的等号是完全不同的两个概念，两者有本质的差别。初学者思维中没有完成其差异转换。

为此，有必要特别强调：

如果条件表达式中含有等号，必须是 ==、>=、<=、!= 四种关系运算符之一。

这一点在后面学习选择控制、循环控制中设置条件语句时十分关键。

2.6.6 自增自减运算符

这是一类特殊的运算符，自增运算符（++）和自减运算符（——）对变量的操作结果是变量增加 1 和减少 1。例如：

```
——counter;
counter——;
```

看这些例子里，运算符在前面还是在后面对本身的影响都是一样的，都是加 1 或者减 1，但是当把它们作为其他表达式的一部分，两者就有区别了。运算符放在变量前面，那么在运算之前，变量先完成自增或自减运算；如果运算符放在后面，那么自增自减运算是在变量参加表达式的运算后再运算。这样讲可能不太清楚，看下面的例子：

```
m=4;
n=4;
mA=++m;    //结果: mA=5, m=5
nA=n++;    //结果: nA=4, n=5
```

对语句"mA=++m;"，这是一个赋值，把 ++m 的值赋给 mA，因为自增运算符在变量的前面，所以 m 先自增加 1 变为 5，然后赋值给 mA，结果是 m、mA 都为 5。对语句 "nA=n++;"，因为自增运算符在变量 n 的后面，所以先把 n 赋值给 nA，nA 应该为 4，然后 n 自增加 1 变为 5，结果是 nA 为 4，n 为 5。

那么如果出现这样的情况我们怎么处理呢？

```
n=nA+++nB;
```

到底是 "n=(nA++)+nB;"，还是 "n=nA+(++nB);"？这要根据编译器来决定，不同的编译器可能有不同的结果。

在编程时，应该尽量避免出现形如 "++i+i++"、"i+++i" 的代码。如果在表达式中确实需要较多的运算符，可通过加一对圆括号来增加可读性，并明确优先级，如 (++i)+(i++)。

2.6.7　复合赋值运算符

在赋值运算符当中，还有一类复合赋值运算符。它们实际上是一种缩写形式，使得对变量的改变更为简洁。看下面的语句：

```
total=total+3;
```

乍一看这行代码，似乎有问题，这是不可能成立的。其实这种表达式在编程时经常使用。不能理解的原因还是因为这里的 "=" 是赋值不是等于。它的意思是本身的值加 3，然后再赋值给本身。为了简化，上面的代码也可以写成：

```
total+=3;
```

那么看了上面的复合赋值运算符，有人就会问，到底 "total=total+3;" 与 "total+=3;" 有没有区别？答案是有的，对于 "total=total+3;"，表达式中 total 被计算了两次，对于复合运算符 "total+=3;"，表达式中的 total 仅计算了一次。

一般的来说，这种区别对于程序的运行没有多大影响，但是当表达式作为函数的返回值时，函数就被调用了两次，而且如果使用普通的赋值运算符，也会加大程序的开销，使效率降低。

复合赋值运算符可参考表 2.10，表中最后五个为位运算赋值操作符。

表 2.10　复合赋值运算符

符　　号	功　　能
+=	加法赋值
-=	减法赋值
*=	乘法赋值
/=	除法赋值
%=	模（求余）运算赋值
<<=	左移运算赋值
>>=	右移运算赋值
&=	位逻辑与赋值
|=	位逻辑或赋值
^=	位逻辑异或赋值

2.6.8 条件运算符

条件运算符 "?:" 是 C 唯一的一个三目运算符,它是对第一个表达式作真假检测,然后根据结果返回另外两个表达式中的一个。其格式为:

< 表达式 1> ? < 表达式 2> : < 表达式 3>

在运算中,首先对第一个表达式进行检验,如果为真,则返回表达式 2 的值;如果为假,则返回表达式 3 的值。例如:

```
a=(b>0)?b:(−b);
```

当 b>0 时,a=b; 当 b 不大于 0 时,a=(−b),这就是条件表达式,其作用是将 b 的绝对值赋值给 a。

2.6.9 逗号运算符

C 的多个表达式可以用逗号 (,) 分开,其中用逗号分开的表达式的值分别计算,但整个表达式的值是最后一个表达式的值。

看下面的程序片段:

```
a=2, b=7, c=5;              //变量赋值
m=(++a, b−−, c+3);         //m=8
a=2, b=7, c=5;              //变量重新赋值
n=++a, b−−, c+3;           //n=3
```

对于第二行代码,圆括号内有三个表达式,用逗号分开,由于 ( ) 的优先级最高,所以最终的值应该是最后一个表达式的值,也就是 c+3,结果为 8,所以 m=8。对于第四行代码,有三个表达式组成,这时的三个表达式分别为 "n=++a"、"b−−"、"c+3",因为赋值运算符比逗号运算符优先级高,所以最终由这三个表达式组成的整个表达式的值虽然也为 8,但n=3。

2.6.10 sizeof 运算符

sizeof 是一个操作符(operator),其作用就是返回一个数据类型、结构体或对象所占的内存字节数。下面的程序输出常用几种数据类型的长度。

2.6.11 例 2-3: sizeof 操作符使用示例 —— 输出常用数据类型字节数

```
01  //ch2_3.cpp
02  //sizeof 操作符使用示例 —— 输出常用数据类型字节数
03
04  #include<stdio.h>
05  int main()
06  {
```

```
07      char ch;
08      printf("char:%d\n",sizeof(ch));
09
10      int nA;
11      printf("int:%d\n",sizeof(nA));
12
13      long nB;
14      printf("long:%d\n",sizeof(nB));
15
16      float fA;
17
18      printf("float:%d\n",sizeof(fA));
19
20      double fB;
21      printf("double:%d\n",sizeof(fB));
22
23      return 0;
24  }
```

程序运行结果：

char：1
int：4
long：4
float：4
double：8

2.6.12   运算符的优先级和结合性

从前面的逗号运算符那个例子可以看出，这些运算符计算时都有一定的顺序，就像算术中先乘除后加减一样。优先级和结合性是运算符两个重要的特性，结合性又称为计算顺序，它决定组成表达式的各个部分是否参与计算以及什么时候计算。

注意：由于括号"{ }"在 C 中用于函数、结构体定义和语句体分界，而括号"[ ]"用于表示数组下标，对于表达式中的多层优先级，可添加圆括号"( )"来实现，如：

$((ch>=65$ && $ch<=90)$ || $(ch>=97$ && $ch<=122))$
$(-b+sqrt(b*b-4*a*c))/(2*a)$

C 中所有运算符的优先级和结合性可参考附录 D。

2.7   表 达 式

2.7.1   表达式的概念

由常量、变量以及运算符形成的组合，并且计算后可返回一个值，称为表达式。仅含一个常量或一个已定义变量，是表达式中最简单的形式，单运算符不是表达式。下面的式子均为表达式（假设式中的变量已经定义）：

```
0
1
2+3
i
m%10
n=m/7−9
counter++
score>=60              //关系表达式值为逻辑值 0 或 1
height*width
amount=123            //赋值表达式值为 123
amount==123           //关系表达式值为逻辑值 0 或 1
```

上面的示例中，含关系运算符的表达式，其结果只能返回 0（假）或 1（真）两个值。

表达式本身什么事情都不做，在程序不对返回结果值做任何操作的情况下，返回的结果值不起作用。表达式常用于条件语句、赋值语句的右边、函数的参数或返回值。

表达式返回的结果值是有类型的。表达式隐含的数据类型取决于组成表达式的变量和常量的类型。因此，表达式的返回值有可能是整型或者是浮点型，也可能是指针类型。

2.7.2 数据类型转化

表达式中如果含有不同数据类型的数据进行运算，结果是什么类型的数据？这就是数据类型转化的问题。类型转化的原则是从低级向高级自动转化（除非人为的加以控制）。计算的转换顺序基本是这样的：

字符型 –> 整型 –> 长整型 –> 浮点型 –> 单精度型 –> 双精度型

具体来说，就是当字符型和整型在一起运算时，结果为整型，如果整型和浮点型在一起运算，所得的结果就是浮点型，如果有双精度型参与运算，那么结果就是双精度型了。

如果需要强制转换，在类型说明符的两边加上括号，就把后面的变量转换成所要的类型了。如：

```
(int) a;
(float) b;
```

第一个语句是把 a 转换成整型，如果原先有小数部分，则舍去。第二个语句是把 b 转换成浮点型，如果原先是整数，则在后面补 0。

另外，每一个表达式的返回值都具有逻辑特性。如果返回值为非 0，则该表达式返回值为真，否则为假。这种逻辑特性可以用在程序流程控制语句中。有时表达式也不参加运算，如：

```
if (a || b)
{
    ⋮
}
```

当 a 为真时，b 就不参加运算了，因为不管 b 如何，条件总是真。又如：

```
(5>3)?(a++):(b++);
```

上式中，a 参加自增运算，b 不做任何运算。

2.8 语 句

语句用来向计算机系统发出操作指令。一个语句经编译后产生若干条机器指令（命令）。通常，单条语句以分号（;）结束；复合语句用花括号（{ }）将语句体括起来（如条件、循环语句）。

下面是单条语句的示例，每条语句以分号结束，每条语句运行时，程序将执行该语句规定的指令：

```
i++;
printf("Hello world!\n");
break;
continue;
goto ENELINE;
```

下面是复合语句示例，由若干行代码（可能包含语句或表达式）构成一个 while 语句:

```
while (n>0)
{
    printf("%d\n",n%10);
    n/=10;
}
```

2.8.1 赋值语句

对变量进行赋值操作的命令称为赋值语句，被赋值变量必须是左值（即在等号的左侧）。其实，在介绍赋值运算符的时候已经使用过，如：

```
n+=3;
total=counter/3+5;
area=height*width;
```

需要再次强调的是：这里的**等号（=）作用为赋值操作符，具有方向性**，作用是将等号右侧的表达式结果赋值给左侧变量。

2.8.2　用逗号分隔开的声明语句

C 允许用逗号分隔声明语句中的标识符列表，说明这些运算符是同一变量类型。例如：

```
float area, height, width;
```

有些编程人员喜欢把标识符写在不同的行上。如：

```
float area,
height,
width;
```

这样写至少有一个好处，就是可以在每个标识符后边加上注释。

2.8.3　变量声明时赋值

在声明变量的同时，也可以直接给变量赋值，这叫做变量的初始化，变量初始化称为变量定义。如：

```
int n;
n=3;
```

等价于：

```
int n=3;
```

声明变量时，可以让某些变量初始化，某些不初始化，如：

```
int nA=3, nB, nC=5;
```

在进行初始化时，初始化表达式可以是任意的 (对全局变量和静态变量有区别)，由于逗号运算符是从左到右运算的，下面的变量定义语句是合法的：

```
int nA=3, nB=nA, nC=nA−2∗nB;
```

习　　题

（提示：本习题中的编程题需要结合第 3 章的知识一并练习）

1. 简述关键字**int**、**float**、**char**分别表示的数据类型、长度（占用内存空间的字节数）、取值范围等。

2. 简述 C 语言中标识符的命名规则。

3. 转义字符 '\n' 表示什么含义？

4. 数字字符 '0' ~ '9'、大写英文字母 'A' ~ 'Z'、小写英文字母 'a' ~ 'z' 的 ASCII 码值分别是多少？

5. 运算符"="与"=="有何不同？试举例说明。

6. 简述语句"total++;"与"total=total+1;"的异同。

7. 参考附录 D 给下列运算符的优先级进行排序，并将顺序号填入左侧的括号内：

(　) =

(　) ==

(　) ( )

(　) ++

(　) +

(　) ||

(　) &&

8. 编写程序，从键盘输入两个整数 m、n，输出 m 与 n 进行和、差、积运算的结果。

9. 编写程序，从键盘输入两个正整数 m、n，输出 m 与 n 进行除运算的结果，输出时保留 6 位小数。

10. 编写程序，从键盘输入一个 4 位正整数 n，按下列要求运算并输出结果：

(1) n 分别与 10、100、1000 取模；

(2) n 分别与 10、100、1000 相除，输出整数部分；

(3) n 分别与 10、100、1000 相除，输出时保留 3 位小数。

第3章　基本输入输出

本 章 要 点

- 标准输入函数 scanf()。
- 标准输出函数 printf()。

输入、输出是计算机和用户交互的重要组成部分，也是程序设计最基本的内容之一。本章介绍标准输入输出函数。

3.1　标准输入输出函数

C 标准库提供了标准格式化输入函数 scanf() 和输出函数 printf()。这两个函数可以在标准输入输出设备上以各种不同的格式读写数据。scanf() 函数用来从标准输入设备（如键盘）读数据，printf() 函数用来向标准输出设备（如屏幕）写数据。

由于 C 在调用 scanf() 和 printf() 时，涉及地址操作、不同数据类型及其标识符、格式字符串中的格式与变量类型匹配等细节，初学者一定要反复练习、经历不断试错、排错的摸索，尽快做到熟练掌握，为后续编程打下牢固基础。本章将详细介绍这两个函数的用法。

在正式介绍输入函数 scanf() 和输出函数 printf() 前，需要指出的是，函数 scanf()、printf() 均定义在文件 stdio.h 中，因此，应在程序开头处作如下预处理声明：

#include<stdio.h>

3.2　标准输入函数 scanf()

scanf() 函数是格式化输入函数，它从标准输入设备 (键盘) 读取输入的信息。
scanf() 函数的调用格式为：

scanf(格式化字符串, 变量地址表);

格式化字符串可以包括以下三类不同的字符：
(1) 空白字符：scanf() 函数在读操作中自动忽略输入的一个或多个空白字符。
(2) 非空白字符：scanf() 函数在读入时剔除掉与这个非空白字符相同的字符。

(3) 格式化说明符：以 % 开始，后跟一个或几个规定字符，用来确定输入内容格式。C 提供的输入输出格式化规定符如表 3.1 所示。

表 3.1　标准输入输出格式化说明符号

符　号	作　用
%d	十进制有符号整数
%u	十进制无符号整数
%f	浮点数
%s	字符串
%c	单个字符
%p	指针的值
%x,%X	无符号以十六进制表示的整数
%o *	无符号以八进制表示的整数

*：格式 %o 中的 o 为英文字母，非数字 0。

变量地址表是需要读入的所有变量的地址，而不是变量本身，取地址符为 &。各个变量的地址之间用逗号（,）分开。例如：

```
scanf("%d,%d",&m,&n);
```

在执行上面的语句时，先读一个整型数，然后把接着输入的逗号剔除掉，最后读入另一个整型数，下面给出一个正确的输入格式示例：

```
3, 5
```

如果这一特定字符（本例为逗号）没有找到，scanf() 函数就终止。因此在输入时，**一定要与 scanf() 的格式化字符串中除空格、格式说明符外的其他字符完全匹配。**

scanf() 函数的使用说明：

(1) 对于各个变量，类型说明符是什么，输入格式化说明符就应该用对应的类型。否则会出现程序错误，或实际输入数据和预期结果不一样。

(2) 对于字符串数组或字符串指针变量，由于数组名和指针变量名本身就是地址，因此使用 scanf() 函数时，不需要在它们前面加上地址操作符（&），如：

```
char *p, str[20];
scanf("%s", p);
scanf("%s", str);
```

(3) 可以在格式化字符串中的 % 和格式化规定符之间加入一个整数，表示任何读操作中的最大位数。下面的输入语句只接收输入的前 3 位数：

```
scanf("%3d",&n);
```

运行时，如果从键盘输入 123456，实际上 n 的值仅为 123。

（4）当使用多个 scanf() 函数连续给多个字符变量输入时，如果处理不当，会出错。例如：

```
char chA, chB;
scanf("%c", &chA);
scanf("%c", &chB);
```

运行上面的程序时，如果从键盘输入一个字符 a 后回车（要完成输入必须回车），在执行语句"scanf("%c",&chA);"时，给变量 chA 赋值 a，但回车符仍然留在缓冲区内，执行语句"scanf("%c",&chB);"时，将回车符输入给变量 chB。如果从键盘连续输入两个字符 ab 后回车，那么实际输入变量的结果是：chA 为 a，chB 为 b。

要解决以上问题，可以在输入函数前加入清除函数 fflush()（涉及文件指针，较复杂），或在第二个 scanf() 函数前插入 getchar() 函数。如：

```
char chA, chB;
scanf("%c", &chA);
getchar();
scanf("%c", &chB);
```

上面的 4 行语句运行时，如果输入 a 后回车，再输入 b，则可将 a、b 分别输入给字符变量 chA 和 chB。函数 getchar() 的作用是接收输入 a 后、输入 b 前的回车符。但是，如果输入 ab 后回车，得不到正确输入结果，因为字符 b 被 getchar() 函数接收。有关 getchar() 函数的使用说明参见本书第 8 章。

3.3　标准输出函数 printf()

printf() 函数是格式化输出函数，一般用于向标准输出设备按规定格式输出信息。

printf() 函数的调用格式为：

printf(格式化字符串, 参量表);

其中，**格式化字符串**包括两部分内容：一部分是**正常字符**，这些字符直接输出；另一部分是**格式化规定字符**，以 % 开始，后跟一个或几个规定字符，用来确定输出内容格式。例如：

```
int lenght=8, width=9;

//输出：长 =8 米, 宽 =9 米, 面积 =72 平方米
printf("长 =%d 米, 宽 =%d 米, 面积 =%d 平方米",lenght,width,lenght* width);
```

参量表是需要输出的一系列参数，可能是变量、常量或表达式，其个数必须与格式化字符串所说明的输出参数个数一致，各参数之间用逗号（,）分开，且顺序一一对应，否则将会出现意想不到的错误。

对于输出语句，其格式除了与标准输入函数 scanf() 格式说明符相同外，还增加了两个格式符，%e 和 %g，请参考表 3.2。

表 3.2 其他标准输出格式符号

符　　号	作　　用
%e	以 e 标记的浮点数 (科学记数法)
%g	自动选择合适的表示法

printf() 函数的使用说明：

(1) 可以在 % 和格式符号字母之间插进数字表示最大场宽。例如：

%3d

表示输出 3 位整型数，不够 3 位时右对齐。

%9.2f

表示输出场宽为 9 的浮点数，其中小数位为 2，整数位为 6，小数点占一位，不够 9 位时右对齐。

%8s

表示输出 8 个字符的字符串，不够 8 个字符右对齐。

如果字符串的长度或整型数位数超过说明的场宽，将按其实际长度输出。但对浮点数，若整数部分位数超过了说明的整数位宽度，将按实际整数位输出；若小数部分位数超过了说明的小数位宽度，则按说明的宽度以四舍五入输出。

另外，若想在输出值前加一些 0，就应在场宽项前加个 0。例如：

%04d

表示在输出一个小于 4 位的数值时，将在前面补 0 使其总宽度为 4 位。

如果用浮点数表示字符或整型量的输出格式，小数点后的数字代表最大宽度，小数点前的数字代表最小宽度。例如：

%6.9s

表示显示一个长度不小于 6 且不大于 9 的字符串。若大于 9，则第 9 个字符以后的内容将被删除。

(2) 可以在 % 和字母之间加小写字母 l，表示输出的是长整型数。例如：

%ld

表示输出 long 整数。

%lf

表示输出 double 浮点数。

(3) 可以控制输出左对齐或右对齐，即在 % 和字母之间加入一个减号 (−) 号可说明输出为左对齐，否则为右对齐。例如：

%−7d

表示输出 7 位整数左对齐。

%−10s

表示输出 10 个字符左对齐。

注意：对于上述标准格式化输入输出符号 %ld 和 %lf，其中的英文字母 l 常被初学者误认为数字 1。

3.3.1 格式输出中常用转义字符

现列出格式输出时的一些常用转义字符，参见表 3.3，也可参照上一章的转义字符表 2.3。

表 3.3 标准输出格式中特殊字符

符 号	作 用
\n	换行
\f	清屏
\r	回车
\t	Tab 符（制表位符）
\xhh	表示 \x 后的 hh 是十六进制数

对于标准输出函数 printf()，结合数据类型，通过下面的一些示例，来加深对数据类型的了解。

```
char ch='\x41';                  //十六进制数 41, 对应十进制数 65, 对应字符'A'
int n=1234;
float f=3.141592653589;
double x=0.12345678987654321;
printf("n=%d\n", n);             //结果输出十进制整数 n=1234
printf("n=%6d\n", n);            //结果输出 6 位场宽的十进制数 n=  1234
printf("n=%06d\n", n);           //结果输出 6 位场宽且补 0 的十进制数 n=001234
printf("n=%2d\n", n);            //n 超过 2 位, 按实际值输出 n=1234
printf("f=%f\n", f);             //输出浮点数（默认 6 位小数）f=3.141593
printf("f=%6.4f\n", f);          //输出 6 位, 其中小数点后 4 位的浮点数 f=3.1416
```

```
printf("x=%lf\n", x);                          //输出长浮点数 x=0.123457

//输出 18 位，其中小数点后 16 位的长浮点数 x=0.1234567898765432
printf("x=%18.16lf\n", x);
printf("ch=%c\n", ch);                          //输出字符 ch=A
printf("ch=%x\n", ch);                          //输出字符变量 ch 的十六进制 ASCII 码值 ch=41
```

3.4　输入输出函数的应用示例

应用本章的标准输入输出函数及其格式符，现在就可以编写有输入输出的程序了。

例 3-1：scanf() 与 printf() 应用 —— 圆面积、周长

编写程序，输入圆的半径，输出圆面积和周长，输出时保留两位小数。

```
01   //ch3_1.cpp
02   //输入半径，输出圆面积和周长，保留 2 位小数
03   //使用标准输入输出函数 scanf()、printf()
04
05   #include<stdio.h>  //包含标准输入输出头文件
06   #define PI 3.14159  //定义符号常量：圆周率，结尾不要加分号
07   int main()
08   {
09       //定义 3 个浮点型变量，分别表示：半径、面积和周长
10       float radius, area, circle;
11
12       printf("输入半径：") ;
13
14       //输入半径，%f 表示格式为浮点数
15       //&radius 表示将键盘输入存入变量 radius 地址
16       scanf("%f",&radius);
17
18       area=PI*radius*radius;  //计算圆面积
19       circle=2*PI*radius;     //计算圆周长
20
21       //输出面积并换行，%.2f 表示输出时保留小数 2 位
22       printf("圆面积 =%.2f\n",area);
23
24       //输出周长并换行，%.2f 表示输出时保留小数 2 位
25       printf("圆周长 =%.2f\n",circle);
26
27       return 0;
28   }
```

程序运行结果:

输入半径: 1.00
圆面积=3.14
圆周长=6.28

注意: 上面的数值 1.00 为程序运行时用户自选输入,可以输入其他数值。

另外,程序中的 #define PI 3.14159 相当于 PI 代表 3.14159,在程序中遇到 PI,编译器就用 3.14159 替代一下。也可以用关键字 const 将 PI 作为常变量:

---

const float PI=3.14;

习　题

1. 温度转换。从键盘输入一个华氏温度,将其转换为摄氏温度后输出。转换公式为: $C = \dfrac{5}{9}(F - 32)$。

2. 输入一个整数,输出其绝对值。(提示:可使用条件运算符。)

3. 输入一个小写英文字母,将其转换为大写字母后输出。

4. 输入一长度(单位:米),将其转换为英尺后输出。输出时保留 2 位小数。(提示: 1 米 =3.2808399 英尺。)

5. 输入两个整数(第二个整数不能为零),计算并输出这两个数的和、差、积、商。其中输出商时保留 4 位小数。

6. 输入圆柱体的底面半径和高,计算并输出该圆柱体的表面积和体积。要求圆周率 $\pi = 3.14159$,输出时保留 2 位小数。

7. 已知矩形的长是宽的 2 倍,从键盘输入矩形的宽(单位:米,整数),计算并输出矩形面积。

8. 假设要在一圆形游泳池的四周围上栅栏,栅栏价格为 35 元/米,游泳池半径由键盘输入。要求圆周率 $\pi = 3.14159$。计算并输出栅栏的造价(保留 1 位小数)。

9. 已知函数 $y = \dfrac{2x+1}{3x-1} + 4x^2 + 5$,输入 x 值,计算并输出 y 值(保留 3 位小数)。

第4章 选择控制

本章要点

- 顺序控制。
- 选择控制语句 if。
- 选择控制语句 switch。

通常，程序的流程控制有三种：顺序控制、选择控制和循环控制。

4.1 顺序控制

顺序控制是最基本的控制结构。如果整个程序按照程序代码的先后顺序执行，则称为顺序结构。顺序结构无须做专门的设置。下面举例说明顺序控制结构。

例 4-1：交换两变量的值

将两个变量的值交换。输出交换前和交换后两变量的值。

```
01   //ch4_1.cpp
02   //顺序结构 —— 交换两变量的值
03
04   #include<stdio.h>
05   int main()
06   {
07       int m,n;
08       int temp;  //用于交换变量值时的变量，必须
09
10       m=5;
11       n=9;
12
13       printf("交换前: \n");
14       printf("m=%d\n",m);    //输出 5
15       printf("n=%d\n",n);    //输出 9
16
17       //借助变量 temp 交换变量 m、n 的值
```

```
18      temp=m;
19      m=n;
20      n=temp;
21
22      printf("交换后：\n");
23      printf("m=%d\n",m);     //输出9
24      printf("n=%d\n",n);     //输出5
25
26      return 0;
27  }
```

程序运行结果：

交换前：
m=5
n=9
交换后：
m=9
n=5

注意：程序中交换两个变量的值，必须借助于第三个变量。初学者可能难以理解，其中的关键是对赋值语句的理解，下面的图 4.1～图 4.4 演示了程序从第 18 行执行到第 20 行时，变量在内存中的变化过程。

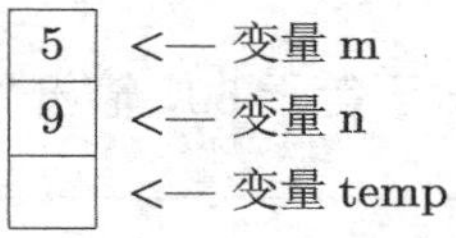

```
5   <—— 变量 m
9   <—— 变量 n
    <—— 变量 temp
```

图 4.1 交换前（第 18 行语句执行前）

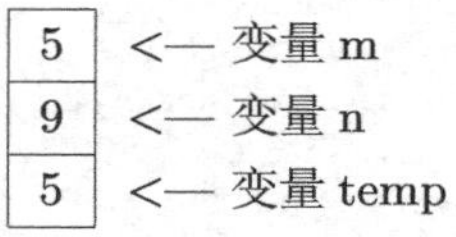

```
5   <—— 变量 m
9   <—— 变量 n
5   <—— 变量 temp
```

图 4.2 执行第 18 行语句后

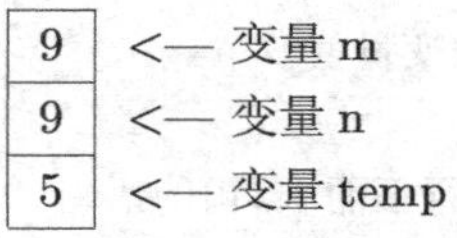

```
9   <—— 变量 m
9   <—— 变量 n
5   <—— 变量 temp
```

图 4.3 执行第 19 行语句后

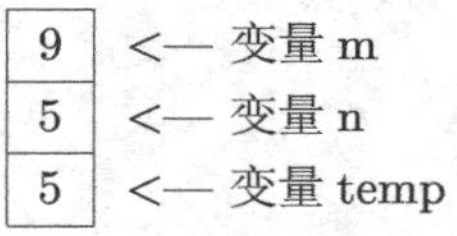

```
9   <—— 变量 m
5   <—— 变量 n
5   <—— 变量 temp
```

图 4.4 交换后（执行第 20 行语句后）

读者也可以通过设置断点、跟踪等调试功能，观察每执行一行程序时变量的变化情况，详见附录 B。

4.2　if 选择控制语句

表达式的值都可以用来判断真假，除非没有任何返回值的 void 型和返回值为无法判断真假的结构。**当表达式的值不等于 0 时，结果为真，否则为假**。当一个表达式在程序中被用于检验其真/假的值时，就称为条件表达式，简称为条件。

4.2.1　if 单分支语句

如果满足某一条件时做相应处理，可使用单分支 if 语句，其语法格式是：

if (表达式)
{
　　语句块；
}

如果表达式的值为非 0，则执行语句块，否则跳过语句继续执行下面的语句。格式中的**语句块**可以没有任何语句（相当于满足条件不执行任何命令），但一般包含至少一条语句。

4.2.2　例 4-2：if 单分支语句 —— 成绩通过通知

输入百分制成绩（整数），如果大于等于 60，输出 "Congratulation! Pass."。

```
01    //ch4_2.cpp
02    //单分支 if 语句 —— 成绩通过通知
03
04    #include<stdio.h>
05    int main()
06    {
07        int score;  //成绩变量
08
09        scanf("%d",&score);  //键盘输入变量值
10
11        if (score>=60)  //满足条件时执行下面 { }内的语句
12        {
13            printf("Congratulation! Pass.\n");
14        }
15
16        return 0;
17    }
```

4.2.3 if···else 双分支语句

如果除了在条件为真时执行语句块外，还需要在条件为假时执行另外一个语句块，则需要双分支 if···else 选择语句。其语法格式是：

```
if(表达式)
{
    语句块 1;
}
else
{
    语句块 2;
}
```

4.2.4 例 4-3：if 双分支语句 —— 成绩是否通过判断

输入百分制成绩（整数），如果大于等于 60，输出"Congratulation! Pass."；否则输出"Try again."。

```
01  //ch4_3.cpp
02  //if 双分支 —— 判断成绩是否通过
03
04  #include<stdio.h>
05  int main()
06  {
07      int score;
08
09      scanf("%d",&score);
10
11      if (score>=60) //满足条件 score>=60 时执行下面 { }内的语句
12      {
13          printf("Congratulation! Pass.\n");
14      }
15      else         //不满足条件 score>=60 时执行下面 { }内的语句
16      {
17          printf("Try again.\n");
18      }
19
20      return 0;
21  }
```

4.2.5 if···else if···else 多分支语句

如果三个或三个以上情形要执行相应的语句块，可使用多分支 if···else if···else 选择语句。其语法格式是：

```
if(表达式 1)
{
    语句块 1;
}
else if(表达式 2)
{
    语句块 2;
}
else if(表达式 3)
{
    语句块 3;
}
…
else
{
    语句块 n;
}
```

这种结构是从上到下逐个对条件进行判断，一旦发现条件满点足就执行其对应的语句块，并跳过其他剩余 else if 分支及其语句块；若没有一个条件满足，则执行最后一个 else 语句块 n。最后这个 else 常起着缺省条件的作用。

4.2.6 例 4-4：if 多分支语句 —— 成绩等级转换

成绩等级规定：

90～100:A
75～89:B
60～74:C
0～59:D

输入百分制成绩 (整数)，输出等级，若成绩小于 0 或大于 100，输出 error。

需要指出的是，所有多分支都可以用多个单分支语句来实现，但程序时间复杂度更高，并可能使程序变得不够简洁。有的初学者可能将本题用下面的程序 1 来实现。

程序 1：

```
01  //ch4_4A.cpp
02  //多个 if 单分支 —— 成绩等级转换
03
04  #include<stdio.h>
05  int main()
06  {
07      int score;
08
```

```
09      scanf("%d",&score);
10
11      if (score>=90 && score<=100)
12      {
13          printf("A\n");
14      }
15      if (score>=75 && score<=89)
16      {
17          printf("B\n");
18      }
19      if (score>=60 && score<=74)
20      {
21          printf("C\n");
22      }
23      if (score>=0 && score<=59)
24      {
25          printf("D\n");
26      }
27      if (score>100)
28      {
29          printf("error\n");
30      }
31      if (score<0)
32      {
33          printf("error\n");
34      }
35
36      return 0;
37  }
```

分析这个程序，有以下特点：

(1) 所有分数段判断全部使用单分支 if 语句，每个单分支 if 语句是独立的，程序运行时，编译器会测试每一个 if 条件的条件表达式。如果使用多分支语句 if…else，编译器遇到表达式为真的条件才执行相应的语句块，并跳过后面的分支，程序运行时间少。

(2) 因为使用单分支 if 语句代替多分支，结果是条件表达式必须设置为形如 "score>= 分数 1&& score<= 分数 2" 这种两个关系逻辑运算的形式。

(3) 每个 if 语句都有输出语句，由于 C 语言对输出有很多格式化要求，这样的程序容易出错。一个比较好的方法是，将结果保存在一个变量，在程序尾部统一输出。

下面的程序 2 就很好地解决了上面的问题。

程序 2：

```
01  //ch4_4B.cpp
02  //if 多分支 —— 成绩等级转换
```

```
03
04    #include<stdio.h>
05    int main()
06    {
07        int score;
08        char grade;    //字符型变量，表示等级
09
10        scanf("%d",&score);
11
12        if (score>100 || score<0)
13        {
14            grade='F';    //输入数据为非法成绩时的标识
15        }
16        else if (score>=90)
17        {
18            grade='A';
19        }
20        else if (score>=75)
21        {
22            grade='B';
23        }
24        else if (score>=60)
25        {
26            grade='C';
27        }
28        else
29        {
30            grade='D';
31        }
32
33        //根据 grade 值输出结果
34        if (grade!='F')    //非错误标识
35        {
36            printf("%c\n",grade);
37        }
38        else              //错误标识
39        {
40            printf("error\n");
41        }
42
43        return 0;
44    }
```

4.2.7　嵌套 if 语句

嵌套 if 语句指的是在 if 的语句块中嵌入另外一个 if 语句，例如，对于输入的三个正整数 a、b、c，先判断其作为边长是否可构成三角形，如果是，再判断是否为直角三角形、等边三角形、等腰三角形还是其他，这种情形就可以用嵌套语句来实现。

需要说明的是，虽然条件语句可以嵌套，但设置不当容易出错，其原因主要是不知道哪个 if 对应哪个 else。

例如：

```
01  if(m>20 || m<-10)
02  if(n<=100 && n>m)
03  printf("Good");
04  else
05  printf("Bad");
```

对于上述情况，C 语言语法规定：else 语句与最近的一个 if 语句匹配，上例中的第 4 行的 else 与第 2 行的 if 相匹配。为了使第 4 行的 else 与第 1 行的 if 相匹配，必须用花括号。如下所示：

```
01  if (m>20 || m<-10)
02  {
03      if (n<=100 && n>m)
04      {
05          printf("Good");
06      }
07  }
08  else
09  {
10      printf("Bad");
11  }
```

从两种写法可以看出，第一种需要熟悉更多的语法细节，可读性差；而第二种是较规范化的写法，条件判断明确，不易出错。根据第 1 章的程序规范，不论是单分支还是多分支 if 语句，每个分支的执行语句块外都应加上"{ }"。这样做看似麻烦，实际上是通过一种强制方式来规避可能的 Bug。通过上面的两个程序片段，可以加深编程规范重要性的理解。

4.2.8　例 4-5：嵌套 if 语句 —— 闰年判断

从键盘输入年份，判断是否闰年，如果是则输出：闰年，否则输出：不是闰年。规定：整百年能被 400 整除的为闰年，非整百年，能被 4 整除的为闰年。

```
01  //ch4_5A.cpp
02  //嵌套 if 语句 —— 闰年判断
03
```

```
04   #include<stdio.h>
05   int main()
06   {
07       int year;
08       int leap;   //是否闰年标识，如果是值为1，否则为0
09
10       scanf("%d",&year);   //输入年份
11
12       if (year%100!=0)
13       {
14           if (year%4==0)
15           {
16               leap=1;
17           }
18           else
19           {
20               leap=0;
21           }
22       }
23       else
24       {
25           if (year%400==0)
26           {
27               leap=1;
28           }
29           else
30           {
31               leap=0;
32           }
33       }
34
35       if (leap==1)
36       {
37           printf("闰年\n");
38       }
39       else
40       {
41           printf("不是闰年\n");
42       }
43
44       return 0;
45   }
```

本例使用了嵌套if语句，程序代码逻辑与题目给出条件正好对应，很容易理解。同时，

我们可以用下面的多分支 if 语句实现相同功能。

```
01   //ch4_5B.cpp
02   //多分支 if 语句 —— 闰年判断
03
04   #include<stdio.h>
05   int main()
06   {
07       int year;
08       int leap;  //是否闰年标识，如果是值为 1，否则为 0
09
10       scanf("%d",&year);  //输入年份
11
12       if ((year%100!=0) && (year%4==0))
13       {
14           leap=1;
15       }
16       else if ((year%100==0) && (year%400==0))
17       {
18           leap=1;
19       }
20       else
21       {
22           leap=0;
23       }
24
25       if (leap==1)
26       {
27           printf("闰年\n");
28       }
29       else
30       {
31           printf("不是闰年\n");
32       }
33
34       return 0;
35   }
```

4.3　switch···case 语句

在编写程序时，有时会遇到按不同条件分别执行相应语句块，这些条件非常规则，而且条件数量大。虽然可用多分支 if···else if···else 语句来实现，但不够方便。对这种情况，C语言提供了 switch 开关语句。

4.3.1　switch 语句格式

```
switch(变量)
{
    case 常量 1:
        语句块 1 或空;
    case 常量 2:
        语句块 2 或空;
        ⋮
    case 常量 n:
        语句块 n 或空;
    default:
        语句块 n+1 或空;
}
```

执行 switch 开关语句时，将变量逐个与 case 后的常量进行比较，若与其中一个相等，则执行该常量下的语句块，若不与任何一个常量相等，则执行 default 后面的语句。

注意:

(1) switch( ) 括号内的变量类型可以是数值（但必须是整数），也可以是字符。

(2) 每个 case 对应的语句块，一般最后一条语句为 break，这样在满足此 case 时，执行完此 case 下的语句块后退出 switch 控制。否则，将继续执行后面 case 的语句。

(3) 每个 case 或 default 后的语句块，不需要使用花括号（{ }）括起。

4.3.2　例 4-6: switch 语句示例 —— 成绩等级转换

若成绩等级规定:

90~100:A

80~89:B

70~79:C

60~69:D

0~59:E

输入百分制成绩 (整数)，输出等级。

```
01  //ch4_6.cpp
02  //switch 语句示例 —— 成绩等级转换
03
04  #include<stdio.h>
05  int main()
06  {
07      int score;   //百分制成绩变量
08      char grade;  //字符型变量,存储'A'~'E'五个等级
09
10      scanf("%d",&score);
11
```

```
12      score/=10;  //将成绩除 10 后取整
13
14      switch (score)
15      {
16      case 10:   //如果成绩 100 分
17      case 9:
18          grade='A';
19          break;
20      case 8:
21          grade='B';
22          break;
23      case 7:
24          grade='C';
25          break;
26      case 6:
27          grade='D';
28          break;
29      default:
30          grade='E';
31          break;
32      }
33
34      printf("%c\n",grade);
35
36      return 0;
37  }
```

说明：

(1) 从上面的例子可以看出，所有用 switch 开关语句编写的程序一定可以用 if 语句实现。那么在什么情况下需要用 switch 语句呢？一般情况下，在当判断条件比较整齐（即每一条件能表达为一个常量值）的情况下使用。

(2) 并不是每个 case 里面都有语句，有时候里面是空的。switch 语句执行的顺序是从第一个 case 判断，如果正确就往下执行，直到 break；如果不正确，就执行下一个 case。所以在这里，当成绩是 100 分时，执行 case 10: 然后往下执行，grade='A';break; 退出。

(3) switch 开关语句中，每个 case 后的常量表达式不可以使用关系表达式来描述范围（如 <=,>=,>,< 等）。

习　　题

1. 已知函数：

$$f(x) = \begin{cases} x+1, & x > 0, \\ 0, & x = 0, \\ -x-1, & x < 0, \end{cases}$$

输入变量 x 的值，输出 $f(x)$。

2. 假设 a 和 b 分别表示矩形的长和宽，且 a+b=20cm，输入 a（浮点数，单位：cm），输出矩形面积（保留 2 位小数）。若 a>20 或 a<0，输出：data error。

3. 输入两个整数，判断第一个数是否能被第二个数整除。

4. 编程实现简易计算器。从键盘依次输入第一数、运算符（+，−，*，/之一）、第二数，输出计算结果。注意：若做除法，且第二数为零，则输出：除数不能为零；若其他情况无法计算，则输出：输入错。

5. 输入三个非零正实数，判断这三个数能否构成三角形？如果能，是否为直角三角形？

6. 输入一个字符，若为大写字母，则将其转换为小写后输出；若为小写字母，转换为大写后输出；其他字符直接输出。

7. 输入百分制期中考、期末成绩，以及各占比例（比例以小数表示，两项比例合计 1），计算总评成绩，输出时保留 2 位小数。

8. 求解方程 $ax^2 + bx + c = 0$，其中 a, b, c 从键盘输入（$a > 0$），输出方程的实根；若无实根，则输出无解。

9. 输入三个实数，输出最小数，保留 2 位小数。

10. 假设出租车计费方法为：(1) 起步价 10 元 (3 公里以内)；(2)3 公里 (含 3 公里) 至 15 公里 (不含 15 公里) 每公里按 2 元计费。(3) 超出 15 公里 (含 15 公里) 以上按每公里 3 元计费。输入打车里程数，输出车费（保留 2 位小数）。

第5章　循环控制

本章要点

- 循环控制语句 for。
- 循环控制语句 while。
- 循环控制语句 do···while。
- 循环控制语句 break。
- 循环控制语句 continue。
- 循环控制语句 goto。

5.1　循环控制语句

实际问题中有许多具有规律性的重复操作,需要程序中重复执行某些语句。一组被重复执行的语句称之为循环体,能否继续重复,由循环的终止条件决定。循环语句由终止条件和循环体两部分组成,终止条件用来控制循环次数,循环体用来实现循环的特定功能。

C 语言提供三种循环语句: for 语句、while 语句和 do···while 语句。

循环控制语句的本质特征是通过有限次的重复执行相同的循环体,实现循环体描述的功能。循环语句对于有规律的重复性运算特别有效,常应用于累次算术运算(加、减、乘、除、模)、数列、集合、代数等,或需要穷举(遍历)的应用问题。

终止条件和循环体是循环语句设计的重点。

求解很多问题时,需要将循环和选择结合使用,这不但需要对问题背景知识的理解,还需要较强的逻辑思维能力,即正确、合理的判断、推理能力。通过较多的编程练习可迅速提高逻辑思维能力。

5.2　for 语句

5.2.1　for 语句的一般形式与使用说明

for 语句的格式为:

```
for(初始化; 条件表达式; 增量)
{
    循环体;
}
```

for 语句是复合语句，由 for 后的圆括号"( )"和其后循环体两部分组成。圆括号"( )"用于控制循环次数。对于 for 循环语句的使用做如下说明：

(1) 圆括号"( )"内包含三条语句（用两个分号";"隔开）用来控制循环。

(2) "初始化"是赋值语句，它用来给一到多个循环控制变量赋初值。

(3) "条件表达式"是关系表达式，它决定什么时候退出循环。

(4) "增量"用来定义循环控制变量每循环一次后按什么方式变化，一般是一个含循环变量的表达式，表达式运算后对循环变量重新赋值（特殊情况是不变化）。"增量"可以为正，也可以为负。下面的示例是合法的增量表达式（如果 i 是循环变量）：

```
i               //循环变量 i 不变化, 谨慎使用
i++
i--
++i
--i
i+=2            //循环变量 i 增 2
i=i-3           //循环变量 i 减 3
```

(5) "循环体"为每次循环时执行的命令，可能为 1（可以为零行语句，但循环无意义）到多行语句组成。

下面举几个循环控制示例。

```
for(i=1; i<=10; i++)         //i 取值范围: 1,2,3,…,10
{
    循环体;
}
```

上面示例中，循环体的执行过程为：先给 i 赋初值 1，再判断 i 是否小于等于 10，若是则执行语句体，之后 i 的值增 1；再重新判断，如果条件为真，则第 2 次执行语句体，再增 1；…；如此循环，直到条件为假，即 i>10 时，结束循环，共循环 10 次。

下面是增量为负的 for 循环：

```
for(i=100; i>0; i--)         //i 取值范围: 100,99,98,…,1
{
    循环体;
}
```

注意要避免出现下面的无限 for 循环（条件永真，死循环），除非在循环体内设置强制退出：

```
for(i=100; i>1; i++)          //i 取值范围: 100,101,102,···, 无穷
{
    循环体;
}
```

5.2.2 for 循环注意事项

(1) for 循环中循环体可以为一条语句,也可以是多条语句,多条语句时必须用一对 "{ }" 将参加循环的一组语句括起,否则每次循环时,只执行 for() 后的第一条语句。规范的写法是,每条 for 后必写一对花括号,即使循环体只包含一条语句。

(2) for 循环中的初始化、条件表达式和增量都是可选项,即可以缺省,但分号不能缺省。省略了初始化,表示不对循环控制变量赋初值。省略了条件表达式,则不做其他处理时可能成为死循环。省略了增量,则不对循环控制变量进行任何操作,这时可在循环体中加入修改循环控制变量的语句,否则可能成为无限循环,即"死循环"。

(3) for 循环中的变量初始化和增量都可以是多个变量的初始化和增量,条件也可以是多个关系表达式,但多变量、多条件时的情形比较复杂,请谨慎使用。

(4) for 循环可以有多层嵌套。嵌套循环的应用在本章最后一节专门介绍。

根据 for 语句语法,以下 for 语句的循环控制的写法合法(虽然不建议这么写):

```
for( ; ;)                     //无初值、无条件、无增量, 无限循环
for(i=1; ; i+=2)              //无条件, 无限循环
for(j=5; ;)                   //无条件、无增量, 无限循环

//多变量初值、多条件、多变量增量, 实际循环次数由 j 决定, 共 10 次
for(i=1, j=10, sum=0; i<=100, j>0; i++, j--)

//循环变量浮点型
for(float f=0.52; f<1.2; f+=0.33)    //f 取值: 0.52,0.85, 1.18
```

5.2.3 例 5-1: for 语句 —— 计算 1+2+3+···+100

计算 1+2+3+···+100,并输出结果。

```
01  //ch5_1.cpp
02  //for 语句简单示例 —— 计算 1+2+3+···+100
03
04  #include<stdio.h>
05  int main()
06  {
07      int sum;  //和变量
08      int i;    //循环变量
```

```
09
10      sum=0;    //变量赋初值
11
12      for (i=1; i<=100; i++)
13      {
14          sum=sum+i;
15      }
16
17      printf("%d\n",sum);
18
19      return 0;
20   }
```

程序运行结果：

5050

5.3   while 语句

5.3.1   while 语句的一般形式

while 语句格式：

while(条件表达式)
{
　　循环体；
}

while 循环表示当条件表达式为真时，便执行循环体，直到条件为假才结束循环，并继续执行循环体程序外的后续语句。

while 语句也称为前置条件 while 循环语句。

5.3.2   例 5-2：while 语句应用 —— 计算 1+2+3+···+n

计算 1+2+3+···+n 并输出，其中 n 为正整数，从键盘输入。

```
01   //ch5_2.cpp
02   //while 语句示例 —— 计算 1+2+3+···+n(n 从键盘输入)
03
04   #include<stdio.h>
05   int main()
06   {
07       int n;
08       int sum;
```

```
09      int i;
10
11      scanf("%d",&n); //从键盘输入正整数 N
12
13      sum=0;  //给和变量赋初值
14      i=1;
15
16      while (i<=n)
17      {
18         sum=sum+i;
19         i++;
20      }
21
22      printf("%d\n",sum);
23
24      return 0;
25  }
```

程序运行结果 (第 1 行为用户可选输入):

```
1000
500500
```

5.4 do···while 语句

5.4.1 do···while 语句的一般形式

do···while 语句格式:

do
{
   循环体;
}
while(条件表达式);

5.4.2 do···while 循环的使用说明

do···while 语句也称为后置条件 while 循环语句。这个循环与 while 循环的不同在于: 它先执行循环体,然后再判断条件是否为真,如果为真则继续循环;如果为假,则终止循环。因此,do···while 循环至少要执行一次循环。

5.4.3　例 5-3：do···while 语句应用 ——　计算 1+2+3+···+100

```
01   //ch5_3.cpp
02   //do···while 语句示例 —— 计算：1+2+3+···+100
03
04   #include<stdio.h>
05   int main()
06   {
07      int sum=0;
08      int i=1;
09
10      do
11      {
12         sum+=i;
13      }
14      while (++i<=100);
15
16      printf("%d\n",sum);
17
18      return 0;
19   }
20
```

本程序说明：

(1) 在循环前一定要为循环变量 i 赋初值。

(2) 每次循环后，循环变量自增运算放在条件中，可与上一例题做比较。

(3) 自增运算 ++i 不可以写成 i++，否则，程序先执行下次循环，然后再增 1，相当于比 ++i 多计算一项。如果要获得同样计算结果，可以将条件写成："i++<=99" 或 "i++<100"。

5.5　break 语句

5.5.1　break 语句使用说明

break 语句通常用在循环语句和开关语句中。当 break 用于开关语句 switch 中时，可使程序跳出 switch 而执行 switch 以后的语句。

当 break 语句用于 for、do···while、while 循环语句中时，可使程序终止循环而执行循环后面的语句，通常 break 语句总是与 if 语句连在一起，即满足条件时便跳出循环。

注意：

(1) break 语句对 if···else 的条件语句不起作用。

(2) 在多层循环中，一个 break 语句只向外跳一层。

5.5.2　例 5-4：break 语句应用 —— 计算 1+2+···+100 时从某项终止

```cpp
01  //ch5_4.cpp
02  //break 语句示例 —— 计算：1+2+···+100，但从某项终止
03
04  #include<stdio.h>
05  int main()
06  {
07      int sum=0;
08      int i;
09
10      for (i=1; i<=100; i++)
11      {
12          if (i==5)
13          {
14              break; //如果 i 等于 5，则跳出循环
15          }
16          sum+=i;     //1+2+3+4
17      }
18
19      printf("%d\n",sum); //输出:10
20
21      return 0;
22  }
```

5.6　continue 语句

5.6.1　continue 语句使用说明

continue 语句的作用是跳过循环体中剩余的语句而强行执行下一次循环。

continue 语句只用在 for、while、do···while 等循环体中，常与 if 条件语句一起使用，用来加速循环。

5.6.2　例 5-5：continue 语句应用 —— 求 1+2+···+10 时跳过某项

```cpp
01  //ch5_5.cpp
02  //continue 语句示例 —— 求 1+2+···+10，但中间某项跳过
03
04  #include<stdio.h>
05  int main()
06  {
07      int sum=0;
08      int i;
```

```
09
10      for  (i=1; i<=10; i++)
11      {
12        if (i==5)
13        {
14            continue; //如果 i 等于 5，则结束本次循环
15        }
16        sum+=i;    //1+2+3+4+6+7+8+9+10, 未加 5
17      }
18
19      printf("%d\n",sum); //输出:50
20
21      return 0;
22    }
```

5.7   goto 语句

goto 语句是一种无条件转移语句。

5.7.1   goto 语句的使用格式

goto 标号;

其中标号是 C 语言中一个有效的标识符，这个标识符加上一个冒号 ":" 一起出现在函数内某处，执行 goto 语句后，程序将跳转到该标号处并执行其后的语句。标号既然是一个标识符，也就要满足标识符的命名规则。另外标号必须与 goto 语句同处于一个函数中，但可以不在一个循环层中。

通常 goto 语句与 if 条件语句连用，当满足某一条件时，程序跳到标号处运行。

goto 语句通常不推荐用，主要因为它将使程序层次不清，且不易读。但有时在退出多层嵌套循环时，用 goto 语句则比较合理。

大多数情况下，goto 语句的功能可以通过其他控制语句来实现。

5.7.2   例 5-6: goto 语句应用 —— 求 1+2+···+n 大于 1000 的最小项 n

```
01    //ch5_6.cpp
02    //goto 语句示例 ——sum=1+2+···+n, 输出当 sum>1000 时的最小项 n
03
04    #include<stdio.h>
05    int main()
06    {
07      int sum=0;
08      int n=0;//项数计算器
09      int i;
```

```
10
11      i=1;
12      while (1)    //条件 1 表示永真
13      {
14          if (sum>1000)
15          {
16              goto ENDLINE; //如果 sum 大于 1000，则跳出循环
17          }
18          sum+=i;
19          n++;
20          i++;
21      }
22
23  ENDLINE: ; //行标识，注意格式
24
25      printf("%d\n",n); //输出 45
26
27      return 0;
28  }
```

注意：本程序在设置循环时，循环变量 i 的终值无法确定，因此使用了永真条件的 while 循环，即从理论上让其永远循环（但实际不可能）。对于永真条件的循环，循环体内必须设置满足某种条件时的强制退出，否则会陷入"死"循环。

5.8　选择语句、循环语句综合编程

选择语句和循环语句结合，比如循环语句内嵌套选择语句或者反之，可求解很多问题，如果再加上灵活应用嵌套选择语句、嵌套循环语句，则可以求解很复杂的问题，而掌握循环的本质是建立求解算法的关键。

本书在第 1 章"编程规范"，已经介绍了一个嵌套循环示例："鸡兔同笼"。考虑到选择与循环综合编程的重要性，本章单列一节，专题讨论选择语句、循环语句的综合应用，以便加深对循环的理解，并通过研读示例，辅以适量练习，做到举一反三，融会贯通。

很多应用问题需要穷举法（也称枚举法），其求解的核心思想是通过循环遍历（搜索）所有可能解空间（求解范围），找到满足特定条件的解，若遍历全部解空间后未找到解，则无解。

本书讨论几类非常经典的选择与循环综合编程问题：

(1) 图案问题。输出各种几何图案，如直角三角形、等腰三角形、矩形、菱形，点阵数字、函数、字符等。必须使用嵌套循环。

(2) 数论问题。水仙花数、四叶玫瑰数、素数、哥德巴赫猜想、孪生素数、梅森素数、合数、丑数、平方数、亲密数、同构数、数制转换、最大公约数、最小公倍数等。一般要使用穷举和数论知识。

(3) 数列问题。如斐波那契数列及计算 sin(x)、cos(x)、e^x、圆周率近似值等。

(4) 应用题。如鸡兔同笼、百钱买百鸡、换零钱、韩信点兵、老鼠咬坏的账本、教授生日蜡烛等。一般使用穷举法。

先介绍设计嵌套循环的几个原则：

(1) 嵌套循环中每层循环变量（如果需要循环变量的话）不能相同。

(2) 循环嵌套结构的书写，应采用"右缩进"格式，以体现循环的层次关系。

(3) 嵌套循环每增加一层，时间复杂度以指数级数量增长，因此尽量避免过多和过深的循环嵌套结构，即能用单层循环不要用双层，能用双层循环不用三层。

5.8.1　例 5-7：直角三角形图案输出

输入一正整数 n，输出 n 行 n 列方阵上由星号组成直角三角形图案。这种直角三角形有四种情形，即左上、右上、左下、右下，本书示例前三种。编程的关键是：外层循环变量用于控制第 i 行、内层循环用于控制每一行上第 j 列位置上的输出，因此外层循环变量每变化一次，需要换行。

程序 1：左上直角三角形

```
01  //ch5_7A.cpp
02  //图案输出 —— 直角三角形图案输出 (左上)
03
04  #include<stdio.h>
05  int main()
06  {
07    int n;   //行数
08    int i,j;
09
10    printf("输入行数：");
11    scanf("%d",&n);
12
13    for (i=1; i<=n; i++)   //行
14    {
15      for (j=1; j<=i; j++) //列
16      {
17        printf("*");
18      }
19      printf("\n");   //外层循环一次换行一次
20    }
21
22    return 0;
23  }
```

程序运行结果：

输入行数：6
```
*
**
***
****
*****
******
```

程序 2：右上直角三角形

```cpp
01  //ch5_7B.cpp
02  //图案输出 —— 直角三角形图案输出 (右上)
03
04  #include<stdio.h>
05  int main()
06  {
07      int n;    //行数
08      int i,j;
09
10      printf("输入行数: ");
11      scanf("%d",&n);
12
13      for (i=1; i<=n; i++)
14      {
15          for (j=1; j<=n; j++)
16          {
17              if (j<=n-i)
18              {
19                  printf(" ");//输出空格
20              }
21              else
22              {
23                  printf("*");  //输出星号*
24              }
25          }
26          printf("\n");
27      }
28
29      return 0;
30  }
```

程序运行结果：

输入行数：7
```
      *
     **
    ***
   ****
  *****
 ******
*******
```

程序 3：左下直角三角形

```
01   //ch5_7C.cpp
02   //图案输出 —— 直角三角形图案输出 (左下)
03
04   #include<stdio.h>
05   int main()
06   {
07       int n;    //行数
08       int i,j;
09
10       printf("输入行数：");
11       scanf("%d",&n);
12
13       for (i=1; i<=n; i++)
14       {
15           for (j=1; j<=n; j++)
16           {
17               if (j<=n-i+1)
18               {
19                   printf("*");
20               }
21           }
22           printf("\n");
23       }
24
25       return 0;
26   }
```

程序运行结果：

输入行数：5
```
*****
****
***
**
*
```

5.8.2 例 5-8: 等腰三角形图案输出

输入一正整数 n, 输出 n 行 n 列方阵上由星号组成直角三角形图案。

```
01  //ch5_8.cpp
02  //等腰三角形图案输出
03
04  #include<stdio.h>
05  int main()
06  {
07      int n;      //行数
08      int i,j,k;  //循环变量
09
10      printf("输入行数: ");
11      scanf("%d",&n);      //输入行数
12
13      for (i=1; i<=n; i++) //外层循环, 循环一次输出一行
14      {
15        for (j=1; j<=n-i; j++) //输出每一行的空格部分
16        {
17            printf(" ");
18        }
19        for (k=1; k<=2*i-1; k++) //输出每一行*号部分
20        {
21            printf("*");
22        }
23        printf("\n"); //外层循环变量变化一次换行
24      }
25
26      return 0;
27  }
```

本题编程思路与上一题相仿, 只是每一行输出时拆成两部分, 前一部分控制输出空格 (使用变量 j), 后一部分控制输出星号 (使用变量 k)。

程序运行结果:

```
输入行数: 8
       *
      ***
     *****
    *******
   *********
  ***********
 *************
***************
```

5.8.3 例 5-9：空心矩形图案输出

输入一正整数 n，输出 m 行 n 列矩阵上由星号组成空心矩形图案。

```
01  //ch5_9.cpp
02  //图案输出 —— 空心矩形
03  //键盘上输入自然数 m,n, m>=1,n>=1; 输出由 m 行 n 列组成的空心星号矩形
04
05  #include<stdio.h>
06  int main()
07  {
08      int m,n; //键盘输入的自然数
09      int i,j;
10
11      printf("输入行数： ");
12      scanf("%d",&m);
13      printf("输入列数： ");
14      scanf("%d",&n);
15
16      for (i=1; i<=m; i++) //行
17      {
18          for (j=1; j<=n; j++) //列
19          {
20              if (i==1 || i==m) //第 1 行、最后 1 行
21              {
22                  printf("*");
23              }
24              else //除第 1、最后 1 行外的每行
25              {
26                  if (j==1 || j==n) //每行首末位置
27                  {
28                      printf("*");
29                  }
30                  else  //每行中间位置
31                  {
32                      printf(" ");
33                  }
34              }
35          }
36          printf("\n"); //外层循环变量变化一次则换行
37      }
38
39      return 0;
40  }
```

程序运行结果:

输入行数: 5
输入列数: 12
****
*   *
*   *
*   *
****

5.8.4 例 5-10: 输出水仙花数

输出所有水仙花数。水仙花数是指一个 3 位数，它的每个位上的数字的 3 次幂之和等于它本身。例如：$1^3+5^3+3^3=153$，153 是水仙花数。

下面用两种方法来求解。

方法 1（合成法）：

```
01   //ch5_10A.cpp
02   //输出所有水仙花数
03   //方法 1（合成法）：三层嵌套循环
04
05   #include<stdio.h>
06   int main()
07   {
08      //循环变量，同时，i 表示百位，j 表示十位，k 表示个数
09      int i,j,k;
10      int n;   //三位整数
11
12      for (i=1; i<=9; i++) //百位不可为 0
13      {
14         for (j=0; j<=9; j++) //十位可以为 0
15         {
16            for (k=0; k<=9; k++) //个位可以为 0
17            {
18               n= i*100+j*10+k;
19               if (n==i*i*i+j*j*j+k*k*k)
20               {
21                  printf("%d\n",n);
22               }
23            }
24         }
25      }
26
27      return 0;
28   }
```

程序运行结果：

153
370
371
407

方法 2（拆分法）

```
01  //ch5_10B.cpp
02  //输出所有水仙花数
03  //方法2（拆分法）：单循环
04
05  #include<stdio.h>
06  int main()
07  {
08      int i;  //三位数变量
09      int n_100,n_10,n_1; //分别表示百、十、个位上的单数
10
11      for (i=100; i<=999; i++) //遍历所有三位数
12      {
13          n_1=i%10; //个位数
14          n_10=(i/10)%10; //十位数
15          n_100=(i/100)%10;  //百位数
16
17          //检查条件
18          if (n_100*n_100*n_100+n_10*n_10*n_10+n_1*n_1*n_1==i)
19          {
20              printf("%d\n",i);
21          }
22      }
23
24      return 0;
25  }
```

虽然两种方法都使用了穷举法，但求解思路（算法）不同，第二种方法（拆分法）使用单层循环，程序运行时间要少很多（虽然个人很难察觉这种差异）。

5.8.5　例 5-11：素数判断

素数（prime number）又称质数，有无限个。除了 1 和它本身以外不再有其他的除数整除。根据算术基本定理，每一个比 1 大的整数，要么本身是一个质数，要么可以写成一系列质数的乘积，最小的质数是 2。

　　输入一个正整数 n，判断是否为素数，若是输出：yes；否则输出：no。本书用两种方法实现，方法 1 是按素数的定义来设计循环，穷举范围是 2~(n−1)；方法 2 是按数论简化循环次数，穷举范围是 $2\sim\sqrt{n-1}$，如果是素数，循环次数要减少很多。

　　方法 1：

```
01  //ch5_11A.cpp
02  //素数判断
03  //方法 1: 按素数定义, 除了 1 和它本身以外不再有其他的除数整除
04
05  #include<stdio.h>
06  #include<math.h>
07  int main()
08  {
09      int n;  //输入正整数
10      int i;  //循环数
11
12      scanf("%d",&n);
13
14      //穷举所有 2~(n−1) 去除 i 的结果
15      for (i=2; i<n; i++)
16      {
17          if (n%i==0)    //若整除，则不为素数
18          {
19              printf("yes\n");
20              //一旦找到能被 2~n−1 整数的数, 立即退出循环
21              //否则可能还会有被 2~n−1 整除的数, 如: 6, 能被 2、3 整除
22              break;
23          }
24      }
25
26      //其他情况为素数
27      if (i==n)
28      {
29          printf("no\n");
30      }
31
32      return 0;
33  }
```

　　方法 2：

```
01  //ch5_11B.cpp
02  //素数判断
03  //方法 2: 循环次数优化
04
05  #include<stdio.h>
```

```
06    #include<math.h>   //使用 math.h 中的求根函数 sqrt()
07    int main()
08    {
09        int n;   //输入正整数
10        int i;   //循环数
11        bool flag=true;   //是否素数标识
12
13        scanf("%d",&n);
14
15        //穷举所有 2~sqrt(n) 去除 i 的结果
16        for (i=2; i<=sqrt(n); i++)
17        {
18            if (n%i==0)    //若整除，则不为素数
19            {
20                flag=false;
21                break;
22            }
23        }
24
25        if (flag==false)
26        {
27            printf("no\n");
28        }
29        else
30        {
31            printf("yes\n");
32        }
33
34        return 0;
35    }
```

5.8.6   例 5-12：计算 $e^x = 1 + x + \dfrac{x^2}{2!} + \cdots + \dfrac{x^n}{n!}$

键盘上输入 x(x 为实数) 和 n(n 为自然数)，输出 $e^x = 1 + x + \dfrac{x^2}{2!} + \cdots + \dfrac{x^n}{n!}$ 的值。

我们提供两种算法。第一种算法使用嵌套循环，第二种使用单循环。一般来说，嵌套循环层数越多，计算时间复杂度越大；如果对变量引用处理不好，容易出错。

算法 1（嵌套循环法）：

```
01    //ch5_12A.cpp
02    //计算 e^x 的前 n 项和
03    //e^x=1+x+x^2/2!+...+x^n/n!
04    //方法 1：嵌套循环法
05
```

```
06    #include<stdio.h>
07    int main()
08    {
09        float x;
10        int n;
11        int i,j;
12        float sum=1;   //和，含首项 1
13        float iFract,iNum,iDen;   //第 i 项、i 项的其分子、分母
14
15        printf("输入 x: ");
16        scanf("%f",&x);
17        printf("输入 n: ");
18        scanf("%d",&n);
19
20        for (i=1; i<=n; i++)
21        {
22            //外循环变化一次，分子、分母变量初值重置
23            iNum=1;
24            iDen=1;
25
26            for (j=1; j<=i; j++) //计算 i 对应项分子 x^i
27            {
28                iNum*=x;
29            }
30
31            for (j=1; j<=i; j++) //计算 i 对应项分母 i!
32            {
33                iDen*=j;
34            }
35
36            iFract=iNum/iDen;
37            sum+=iFract;
38        }
39
40        printf("%f\n",sum);
41
42        return 0;
43    }
```

程序中表示第 i 项、第 i 项分子、第 i 项分母的变量名分别来自英文简写：fraction（分式），numerator（分子），denominator（分母）。程序运行结果：

输入 x: 1.00
输入 n: 10
2.718282

算法 2（单循环法）：

```
01  //ch5_12B.cpp
02  //计算 e^x 的前 n 项和
03  //e^x=1+x+x^2/2!+…+x^n/n!
04  //方法 2：单循环法
05
06  #include<stdio.h>
07  int main()
08  {
09      float x;
10      int n;
11      int i;
12      float sum=1;    //和，含首项 1
13      float iFract,iNum,iDen;    //第 i 项、i 项的其分子、分母
14
15      printf("输入 x：");
16      scanf("%f",&x);
17      printf("输入 n：");
18      scanf("%d",&n);
19
20      iNum=1;  //第 i 项分子初值
21      iDen=1;  //第 i 项分母初值
22
23      for (i=1; i<=n; i++)
24      {
25          //计算 i 对应项的分子、分母及 i 项
26          iNum*=x;
27          iDen*=i;
28          iFract=iNum/iDen;
29          sum=sum+iFract;
30      }
31
32      printf("%f\n",sum);
33
34      return 0;
35  }
```

说明：程序中在求第 i 项的分子 x^i 时，可以直接调用幂函数 pow(x, n)（函数返回 x 的 n 次幂），但需要头文件预处理：

#include<math.h>

5.8.7　例 5-13：斐波那契数列

斐波那契数列（Fibonacci sequence），又称黄金分割数列，由意大利科学家列昂纳多·斐波那契（Leonardoda Fibonacci）研究兔子繁殖时引入，故又称为"兔子数列"，在现

代物理、准晶体结构、化学、生物、经济等领域都有直接的应用。斐波那契数列指的是这样一个数列：

0、1、1、2、3、5、8、13、21、34…

斐波那契数列可以用递归的方法定义：

F(0)=0;
F(1)=1;
F(n)=F(n−1)+F(n−2), n>=2, n 为正整数。

输出斐波那契数列的第 n 项，n 从键盘上输入。本书提供两种方法，主要差别是给第 n−1、n−2 项赋值方式的不同，各有特色。本程序中加入了较详细的注释。

方法 1：

```cpp
01   //ch5_13A.cpp
02   //斐波那契数列 (方法 1)
03   //输出斐波那契数列的第 n 项,n 从键盘上输入
04   //本方法特点：与数列定义一致，易于理解
05
06   #include<stdio.h>
07   int main()
08   {
09       int n;  //第 n 项序号
10       int i;  //循环数
11       int Fn,Fn_1,Fn_2;  //第 n 项、第 n−1、第 n−2 项变量
12       int temp; //临时变量，用于交换变量值
13
14       printf("输入项数 n:");
15       scanf("%d",&n); //输入第 n 项序号 n
16
17       //计算第 n 项
18       if (n==1)     //首项要单独定义
19       {
20           Fn=0;
21       }
22       else if (n==2)    //第 2 项要单独定义
23       {
24           Fn=1;
25       }
26       else      //从第 3 项开始为前 2 项的和
27       {
28           //定义用于计算第 3 项时的前 2 项
29           Fn_2=0;          //首项初值
```

```
30          Fn_1=1;        //第 2 项初值
31          for (i=3; i<=n; i++) //从第 3 项开始循环
32          {
33              Fn=Fn_1+Fn_2;    //第 n 项等于前 2 项的和
34
35              //借助 temp 变量对 n−1 和 n−2 项重新赋值
36              temp=Fn_1;    //将第 n−1 项赋值给 temp
37              Fn_1=Fn;      //将第 n 项赋值给第 n−1 项
38              Fn_2=temp;    //将第 n−1 项赋值给第 n−2 项
39          }
40      }
41
42      printf("第 %d 项:%d\n",n,Fn);
43
44      return 0;
45  }
```

程序运行结果 1：

输入项数 n: 5
第5项: 3

程序运行结果 2：

输入项数 n: 40
第40项: 63245986

由上面两个运行结果来看，斐波那契数列的增长速度是相当快的。
方法 2：

```
01  //ch5_13B.cpp
02  //斐波那契数列 (方法 2)
03  //输出斐波那契数列的第 n 项,n 从键盘上输入
04  //本方法特点: 利用数列特性: 第 n 项减第 n−1 项得到第 n−2 项, 变量和代码较少
05
06  #include<stdio.h>
07  int main()
08  {
09      int n;    //第 n 项序号
10      int Fn,Fn_1;    //第 n 项、第 n−1 项
11      int i;    //循环数
12
13      printf("输入项数 n:");
14      scanf("%d",&n); //输入第 n 项序号 n
15
```

```
16      //计算第 n 项
17      if (n==1)   //首项需单独定义
18      {
19          Fn=0;
20      }
21      else if (n==2)   //第 2 项需单独定义
22      {
23          Fn=1;
24      }
25      else    //从第 3 项开始为前 2 项的和
26      {
27          //定义用于计算第 3 项时的前 2 项
28          Fn=1;
29          Fn_1=0;
30          for (i=3; i<=n; i++)
31          {
32              Fn=Fn+Fn_1;
33              Fn_1=Fn-Fn_1;  //重新给第 n−1 项赋值
34          }
35      }
36
37      printf("第 %d 项:%d\n",n,Fn);
38
39      return 0;
40  }
```

习　题

1. 输出区间 $[1, 200]$ 上同时能被 3 和 5 整除的数。

2. 输入 10 个整数，分别输出正数之和、负数之和。

3. 输入一正整数 n，然后再输入 n 个实数，计算并输出这 n 个实数的和、均值、最大数、最小数。

4. 输入一正整数，将逆序数输出。如输入：123456，输出 654321。

5. 输入正整数 m,n (m<n)，计算并输出区间 [m,n] 上的偶数和、偶数的个数。

6. 编程分别计算下列数列和，其中 n 从键盘输入，

(1) $1 - 2 + 3 - 4 + 5 - 6 + \cdots + n$。

(2) $1 - \dfrac{1}{3} + \dfrac{1}{5} - \dfrac{1}{7} + \cdots + (-1)^{(n-1)} \dfrac{1}{(2n-1)}$。

7. 计算：$a + aa + aaa + aaaa + \cdots + \overbrace{aa \cdots a}^{n}$，其中 a 为 1~9 之间的自然数，n 为正整数，a, n<10，均从键盘输入。

8. 计算数列 $\dfrac{2}{1}, \dfrac{3}{2}, \dfrac{5}{3}, \dfrac{8}{5}, \cdots$ 的前 n 项和。

9. 已知 $\cos(x) \approx 1 - \frac{x^2}{2!} + \frac{x^4}{4!} - \frac{x^6}{6!} + \cdots + (-1)^n \frac{x^{2n}}{(2n)!}$，从键盘输入实数 x 和正整数 n，计算 $\cos(x)$ 的近似值。

10. 输出下列由字符组成的图案，其中 n 从键盘输入。样例为 n=5 时的情形。

(1) 三角形图案：

```
5   5   5   5   5
    4   4   4   4
        3   3   3
            2   2
                1
```

（2）菱形图案，其中 n 为奇数：

```
        *
    *   *   *
*   *   *   *   *
    *   *   *
        *
```

11. 输入两个正整数 m, n, m<n, 统计任意区间 [m, n] 上素数的个数并输出。

12. 输入正整数 m, 5≤m≤10000，输出不超过 m 的所有孪生素数对。孪生素数定义：如果 n−2 和 n 都是素数，则称他们是孪生素数。例如 m=7，满足条件的数对有：

3,5

5,7

13. 计算从 1901 年开始的第 n 个闰年并输出是哪一年，n 从键盘输入。

14. 最大公约数。输入两个正整数 m, n，输出其最大公约数。

15. 纸的厚度。一张一毫米（0.001 米）厚的纸，经过 30 次对折后厚度多少米？

16. 百钱买百鸡。在公元五世纪我国数学家张丘建在其《算经》一书中提出了"百鸡问题"："鸡翁一值钱 5，鸡母一值钱 3，鸡雏三值钱 1。百钱买百鸡，问鸡翁、母、雏各几何？"试用穷举法编程求解本题。

第6章 数 组

本 章 要 点

- 数组的概念。
- 一维数组定义和使用。
- 二维数组定义和使用。

6.1 一 维 数 组

6.1.1 数组的概念

数组，就是一组数据类型相同变量的有序集合，它用一个标识符来代表这些变量，用这些变量在数组中的相对位置（即序号，或下标）来区别、引用每个变量，每个变量称为数组元素。

6.1.2 一维数组的声明

声明数组与声明变量类似，数组也要先声明后使用，所不同的是，数组声明时，数组名后用一对方括号"[ ]"括起来的长度说明。一维数组声明格式如下：

变量类型 数组名 [整型表达式];

其中的整型表达式定义了数组的长度，也就是数组可存放的最大元素个数。如：

```
int arr[10];
```

这条语句定义了一个一维数组，其有 10 个整型元素，且数组名为 arr。这些整数在内存中是连续存储的。

数组的说明：

(1) 一个数组的大小（所占存储空间）等于每个元素的大小乘上数组元素的个数。

(2) 数组声明时，方括号中的长度表达式可以包含运算符，但其计算结果必须是一个整型值。

下面这些声明是合法的：

```
int arr[5+3];
float count[5*2+3];
```

声明数组时，已经赋值的整型变量（如 int,long,unsigned 等）可作为数组长度，下面的数组声明是合法的：

```
int n=5;
float arr[n];
```

注：上面的数组声明方式在某些版本的 C 语言编译器中可能无法通过。

(3) 已经定义的浮点型变量（float, double 等）不能作为数组长度。下面的数组声明是不合法的：

```
float f=5;
float arr[f];
```

6.1.3   数组元素引用

数组元素的引用使用下标方式。如：

```
int arr[10];
```

表明该数组是一维数组，里面有 10 个元数，其标识符分别为：

```
arr[0], arr[1], arr[2], …, arr[9]
```

注意：数组的第一个元素下标从 0 开始。下标范围是：0~9。一些初学者经常在这儿犯一些错误。如：

```
arr[3]=25;
```

把 25 赋值给整型数组 arr 的第 4 个元素。

在给数组元素赋值或使用数组元素作运算时，可以使用变量作为数组下标。

6.1.4   例 6-1：数组元素逆序输出

从键盘输入 10 个数，然后逆序输出。

```
01   //ch6_1.cpp
02   //数组下标应用 —— 输入 10 个数，逆序输出
03
04   #include<stdio.h>
```

```
05   int main()
06   {
07       int i;
08       int arr[10];
09
10       printf("输入十个数，用空格隔开：\n");
11       for (i=0; i<10; i++)
12       {
13           scanf("%d",&arr[i]);
14       }
15
16       printf("逆序输出：\n");
17       for (i=9; i>=0; i--)
18       {
19           printf("%d ",arr[i]);   //%d 后为空格
20       }
21
22       printf("\n");
23
24       return 0;
25   }
```

程序运行结果：

```
输入十个数，用空格隔开：
1 2 3 4 5 6 7 8 9 10
逆序输出：
10 9 8 7 6 5 4 3 2 1
```

6.1.5　一维数组的初始化

数组的初始化与变量类似。如：

```
float arr[3];
arr[0]=1.36;
arr[1]=9.02;
arr[2]=123.65;
```

变量可以在定义的时候初始化，数组也可以，如：

```
int arr[5]={1,2,3,4,5};
```

在定义数组时，可以用放在一对大括号中的初始化表对其进行初始化。初始化值的个数可以和数组元素个数一样多。

如果初始化的个数多于元素个数，将产生编译错误；如果少于元素个数，其余的元素被初始化为 0。

如果长度表达式为空时，那么将用初始化值的个数来指定数组元素的个数，如下所示：

```
int arr[ ]={1,2,3,4,5};
```

这也表明数组 arr 元素个数为 5。这种数组声明时未给出长度的声明方法称为**隐式声明**。

6.1.6　例 6-2：冒泡排序法

从键盘输入 n 个整数（n 也从键盘输入，n 不超过 50），并保存到数组 arr，然后将这些整数进行升序排序，输出数组排序前后的元素。

```
01   //ch6_2.cpp
02   //冒泡排序法
03
04   #include<stdio.h>
05   int main()
06   {
07       int n;
08       int arr[50];
09       int temp;
10       int i,j;
11
12       printf("输入排序数的个数:");
13       scanf("%d",&n);
14
15       printf("输入 %d 个数(用空格/Tab/回车分隔):\n",n);
16
17       //从键盘输入 n 个数赋值给数组
18       for (i=0; i<n; i++)
19       {
20           scanf("%d",&arr[i]);
21       }
22
23       for (i=0; i<n-1; i++) //注意循环变量 i 的终值
24       {
25           for (j=i+1; j<n; j++) //注意循环变量 j 的终值
26           {
27               if (arr[i]>arr[j]) //若关系符 > 改为 <, 则输出结果为降序
28               {
29                   temp=arr[i];
30                   arr[i]=arr[j];
31                   arr[j]=temp;
```

```
32                 }
33             }
34         }
35
36         //输出排序后的数组
37         printf("升序排列: \n");
38         for (i=0; i<n; i++)
39         {
40             printf("%d ",arr[i]);
41         }
42
43         return 0;
44 }
```

程序运行结果:

输入排序数的个数: 6
输入6个数(用空格/Tab/回车分隔):
1 9 2 8 3 4
升序排列:
1 2 3 4 8 9

冒泡排序法又称为起泡排序法,是最基本排序算法之一,要彻底理解其排序原理和过程,并做到熟练应用。下面对冒泡排序法做几点说明:

(1) 对于上面程序中的嵌套循环,内层循环变量的起始值为: $j=i+1$。

(2) 当数组的两个元素交换值时,必须通过第三个变量做桥梁。

(3) 若在条件 if() 中,将大于号"$>$"改为小于号"$<$",则输出结果为降序。

(4) 当外层循环变量 $i=0$ 时,内层循环变量 j 的变化为 $1\sim n$,即从数组的第 2 个元素到最后一个元素,过程是:先让数组的第一个元素值作为基准,如果后面有比它小的,那么就把这两个数互换一下,结果将最小值换到数组首位。这样,外层循环变量 i 每增加一次,总是将数组最后面的 $n-i$ 个元素中最小的数,交换到这 $n-i$ 个数的首位。我们形象地称这种算法叫冒泡排序法。

下面演示一下冒泡排序过程。

假设数组 arr[5]={9, 7, 2, 6, 3},先看嵌套循环外层第 1 次 ($i=0$)、内层第 $1\sim4$ ($j=1$, 2, 3, 4) 次的过程,结果是将数组所有元素最小数 2 放在数组第 1 个位置(用粗体表示每次循环对应的条件要两个比较的数):

开始状态: **9**, **7**, 2, 6, 3

$i=0$, $j=1$ 时: **7**, 9, **2**, 6, 3   //9>7, 交换

$i=0$, $j=2$ 时: **2**, 9, 7, **6**, 3   //7>2, 交换

$i=0$, $j=3$ 时: **2**, 9, 7, 6, **3**   //2<6, 不动

$i=0$, $j=4$ 时: 2, 9, 7, 6, 3   //2<3, 不动

接着是外层循环第 2 次 (i=1)、内层第 1～3（j=2, 3, 4）次的过程，结果是将数组中除第 1 个元素外的所有元素最小数 3 放在数组第 2 个位置：

开始状态：2, **9**, **7**, 6, 3

i=1, j=2 时：2, **7**, 9, **6**, 3   //9>7，交换

i=1, j=3 时：2, **6**, 9, 7, **3**   //7>6，交换

i=1, j=4 时：2, 3, 9, 7, 6   //6>3，交换

再接着是外层循环第 3 次 (i=2)、内层第 1～2（j=3, 4）次的过程，结果是将数组中除第 1、2 个元素外的所有元素最小数 6 放在数组第 3 个位置：

开始状态：2, 3, **9**, **7**, 6

i=2, j=3 时：2, 3, **7**, 9, **6**   //9>7，交换

i=2, j=4 时：2, 3, 6, 9, 7   //7>6，交换

最后是外层循环第 4 次 (i=3)、内层 1（j=4）次的过程，结果是将当前数组中最后两个元素排序：

开始状态：2, 3, 6, **9**, **7**

i=2, j=4 时：2, 3, 6, 7, 9   //9>7，交换

读者也可以通过 DevCPP 软件的"调试"功能来观察每次循环时数组元素的变化，参见附录 B。

6.2   二 维 数 组

二维数组用于处理能排列成行、列形式的二维表格状数据，如数学中的矩阵与行列式、图形图像等。

6.2.1   二维数组的声明

二维数组的声明格式为：

数据类型数组名   [整型表达式 1][整型表达式 2];

其中的整型表达式 1 和整型表达式 2 分别定义了数组的行、列长度。

6.2.2   二维数组的初始化

与一维数组相同，可以在声明时初始化，初始化数组称为数组定义，例如：

---

int arr[2][3]={12,44,24,91,24,78};

或

---

int arr[2][3]={{12,44,24},{91,24,78}};

从可读性的角度来看，上面第二种定义数组方法较好。

6.2.3 例 6-3: 矩阵转置

输入一个 2 行 3 列矩阵, 将其转置前、转置后的矩阵输出。

```
01  //ch6_3.cpp
02  //二维数组示例 —— 矩阵转置
03
04  #include<stdio.h>
05  #define M 2
06  #define N 3
07  int main()
08  {
09     int arr[M][N];
10     int arrTrans[N][M]; //转置矩阵
11     int i,j;
12     int temp;
13
14     printf("输入 2 行 3 列矩阵 (用空格/Tab/回车分隔):\n");
15     for (i=0; i<M; i++)
16     {
17        for (j=0; j<N; j++)
18        {
19           scanf("%d",&arr[i][j]);
20        }
21     }
22
23     printf("转置前:\n");
24     for (i=0; i<M; i++)
25     {
26        for (j=0; j<N; j++)
27        {
28           printf("%d ",arr[i][j]);
29        }
30        printf("\n");
31     }
32
33     for (i=0; i<M; i++)
34     {
35        for (j=0; j<N; j++)
36        {
37           arrTrans[j][i]=arr[i][j]; //转置
38        }
39     }
40
41     printf("转置后:\n");
```

```
42      for (i=0; i<N; i++) //i 的终值为:N−1
43      {
44          for (j=0; j<M; j++) //i 的终值为:M−1
45          {
46              printf("%d ",arrTrans[i][j]);
47          }
48          printf("\n");
49      }
50
51      return 0;
52  }
```

程序运行结果：

输入2行3列矩阵(用空格/Tab/回车分隔)：

1 2 3

4 5 6

转置前：

1 2 3

4 5 6

转置后：

1 4

2 5

3 6

程序中，在主函数前做了预处理声明：

```
#define M 2
#define N 3
```

这样做的目的是为了便于程序的扩展，比如，要测试 10 行 20 列的矩阵运算，只需要修改预处理参数即可。

6.3 高 维 数 组

除了一维数组和二维数组外，数组还可以是三维和三维以上的数组。三维及三维以上的数组称为高维数组。高维数组的应用很广泛，常用于描述多维变量系统，如 GPS 信息、时空关系、天气状态参数等。

多维数组的定义和使用方法与一维、二维数组相同。本书不再作更多介绍。

习　　题

1. 输入正整数 n, n ≤ 10，然后再依次输入 n 个整数，按输入顺序进行逆序输出。

2. 输入正整数 n, n ≤ 10，然后依次输入 n 个整数，计算并输出这 n 个数的均值、最大数和最小数。

3. 输入正整数 n, n ≤ 10，然后依次输入 n 个整数，计算并输出所有小于均值的数。

4. 输入正整数 n, n ≤ 10，然后依次输入 n 个整数，计算并输出其中最大数和最小数的位置。

5. 从键盘上分别输入年、月、日（均为正整数），计算这是一年中的第几天。提示：使用数组存放每月天数，根据是否闰年对二月做修正，然后使用循环累加天数。

6. 已知数组 A[]={1,3,5,9,11,13,15,19,23,25}。从键盘上输入一个自然数 n，若 n 在数组 A 中，则输出 n 在 A 中的位置。

7. 在数组中删除数。已知数组 A[]={61,4,26,8,22,35,7,89,45,1}。从键盘输入整数 n，若 A[] 中不存在 n，则输出：不能删除，否则将 A[] 中数 n 删除，然后按从大到小次序输出数组元素。

8. 在数组中添加数。输入正整数 N，再输入 N 个整数保存到数组 A[] 中，然后再从键盘输入整数 n，若 A[] 中已经存在 n，则输出：不能添加，否则将 n 添加到数组 A[] 中，然后按从小到大次序输出数组元素。

9. 评价计分。输入正整数 n, n > 2，再输入 n 个评委的打分成绩，成绩为百分制整数（0~100），去掉一个最高分和一个最低分，计算并输入其余 n − 2 个成绩的平均分。输出时按四舍五入取整数。

第7章　字符数组与字符串

本 章 要 点

- 字符串与字符数组的概念、定义与使用。
- 常用字符串操作函数 strlen()、strcat()、strcpy()、strcmp()。

7.1　字　符　数　组

7.1.1　字符数组概念

第 6 章介绍了数组的概念，但数组的数据类型都是数值型的，如 int、float 等。字符型数组是存储和处理字符的数组，应用广泛。由于字符数组在声明、赋值、引用时有别于其他数据类型的数组，本书专门用一章来讲解字符数组和字符串。

7.1.2　字符数组的声明与赋值

与一维整数和浮点数数组类似，可声明一维字符型数组，如下面的字符数组为显示声明：

---

char arr[5]={'H','E','L','L','O'};

注意：字符数组与数值型数组的一个很大不同是，C 语言编译器在分配字符数组的内存空间时，会在字符数组最后一个字符后再加一个结束标识符: '\0'。其物理内存空间分配如图 7.1 所示。

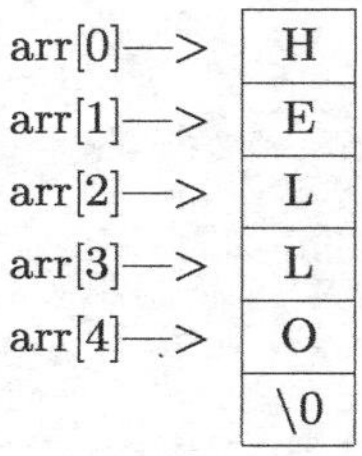

arr[0]—>	H
arr[1]—>	E
arr[2]—>	L
arr[3]—>	L
arr[4]—>	O
	\0

图 7.1　字符数组内存空间分配图 1

可以看出，字符数组 arr 实际占用内存空间为 6 个字节，而数组长度仍然按 5 个字节处理。

对下面的字符数组：

```
char arr[5]={'H','E'};
```

数组声明长度为 5，但只有两个元素，数组的内存分配如图 7.2 所示。

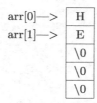

图 7.2　字符数组内存空间分配图 2

从内存分配可以看出，字符数组 arr 的元素只占了 2 个字节，后面用 3 个结束标识符'\0'占满 5 字节的内存空间，因此其实际长度为 2。

字符数组在使用时细节较多，说明如下：

(1) 对于单个字符，必须要用单引号括起来。

(2) 字符数组的每个元素只能是单个字符，下面的数组声明为非法：

```
char arr[5]={'Hi','I','love','C','!'};
```

(3) 字符数组元素表示单字符变量。例如下面的赋值语句是非法的：

```
arr[0]='abc';
```

(4) 字符数组元素赋值时不能用双引号。例如下面的语句是非法的：

```
arr[0]="a";
```

(5) 由于字符与其 ASCII 表中的整数是等价的，所以下面两个字符型数组声明等价：

```
char arr[5]={'H','E','L','L','O'};
char arr[5]={72,69,76,76,79};
```

第一个数组元素的字符，一一对应于第二个数组元素的数值（即 ASCII 码），下面的示例说明这种情况。

7.1.3   例 7-1：字符数组元素输出为 ASCII 码值

```
01    //ch7_1.cpp
02    //将字符数组元素输出为 ASCII 码值
03
04    #include<stdio.h>
05    int main()
06    {
07        char arr[5]= {'H','E','L','L','O'};
08        int i;
09
10        for (i=0; i<5; i++)
11        {
12            printf("%d ",arr[i]);
13        }
14
15        printf("\n");
16
17        return 0;
18    }
```

程序运行结果为：

```
72 69 76 76 79
```

7.1.4   例 7-2：字符数组结束标识

本程序测试字符数组的结束标识符'\0'。在程序中，声明字符数组长度为 101，循环预设为 100 次，但循环条件设定为遇到字符数组结束标识符'\0'退出循环，而实际循环只有 5 次。

```
01    //ch7_2.cpp
02    //字符数组结束标志
03
04    #include<stdio.h>
05    int main()
06    {
07        char arr[101]= {'H','E','L','L','O'};
08        int i;
09
10        for (i=0; i<100; i++)
11        {
12            if (arr[i]=='\0')
```

```
13        {
14            break;
15        }
16        printf("%c ",arr[i]);  //注意格式: %c
17    }
18
19    return 0;
20  }
```

因为 for 语句的执行循环体的条件为 arr[i]=='\0'，当输出完 5 个字母后，程序结束。程序运行结果为：

H E L L O

7.2　字　符　串

字符串一般指连续字符组成的字符集合（特殊情形可能为空）。

C 语言的字符串是指双引号括起来的一串字符，如果字符串有 n 个字符，则它在存储器中占 n+1 个字节，即字符串的结束符'\0'也占 1 个字节的位置。

C 语言没有字符串数据类型，字符串的操作是通过字符数组来实现的。不过，字符串除了满足字符数组的操作外，C 语言支持对字符串的整体赋值、输入、输出。如：

char str[100]="best";

上面的语句**显式**声明了一个长度为 100 的字符串 str，同时用双引号括起来的一个常量字符串整体赋值给 str。赋值后的字符串 str 的实际长度为 4（第 5 个位置为字符串结束标志: '\0'）。

下面的字符串声明、赋值语句为**隐式**：

char strA[]="good lucky";

7.3　字符串输入输出函数

在 C 语言的标准输入输出头文件 stdio.h 中，定义了常用字符串输入输出函数。在使用本节介绍的函数时，均要在预处理中声明包含头文件 stdio.h。

7.3.1　函数 scanf() 和 printf() 输入输出字符串

scanf() 和 printf() 是 C 语言的标准输入输出函数，通过其格式"%s"可实现对字符串的输入输出。

7.3.2　例 7-3：scanf() 和 printf() 函数输入输出字符串

下面用例子说明函数 scanf() 和 printf() 来实现字符串的输入、输出操作，显式声明和隐式声明字符串。

```
01    //ch7_3.cpp
02    //字符串的声明、整体赋值、输入、输出
03
04    #include<stdio.h>
05    #include<string.h>
06    int main()
07    {
08        char str[100];
09
10        printf("输入一个字符串：");
11        scanf("%s",str);   //注意不加地址操作符 &
12        printf("%s\n",str);
13        printf("%d\n",strlen(str));   //输出 str 的长度
14
15        char strA[]="Good lucky.";   //隐式声明，双引号整体赋值
16        printf("%s\n",strA);
17        printf("%d\n",strlen(strA));  //输出 strA 的长度：11
18
19        char strB[10]="best";   //显式声明，双引号整体赋值，数组长度 >=5
20        printf("%s\n",strB);
21        printf("%d\n",strlen(strB));  //输出 strB 的长度：4
22
23        return 0;
24    }
```

程序运行结果（注意：由用户输入的字符串，只接收了第一个单词）：

```
输入一个字符串：China is great!
China
5
Good lucky.
11
best
4
```

使用 scanf() 函数和 printf() 函数输入、输出字符串时注意：

(1) 对于 scanf("%s",str) 和 printf("%s",str) 中的格式为 %s。

(2) scanf("%s",str) 中的 **str 不加地址操作符**，因为字符串名 str 也同时表示该字符串数组的地址，这一点与普通变量不同。

（3）scanf("%s",str) 不支持带空格、Tab 的字符串，即只接收第一个空格、Tab 前的字符串（空格、Tab 前无字符除外）。

7.3.3　函数 gets() 和 puts()

要解决含空格、Tab 键的字符串的输入问题，可使用 C 语言函数 gets()，与此函数对应的 puts() 函数是字符串输出函数。

gets() 从标准输入设备读字符串函数。可以无限读取，不判断上限，以回车结束读取。其使用格式是：

gets(str);　　//str 为已声明字符数组

puts() 函数用来向标准输出设备 (如屏幕) 写字符串并换行, 其调用格式为:

puts(str);　　//str 为已赋值字符串

puts(str) 等效于 printf("%s\n",str)。

说明：

（1）puts() 函数只能输出字符串, 不能输出数值或进行格式变换。

（2）可以将字符串直接写入 puts() 函数中。如:

puts("Hello, C!");

（3）函数 gets() 和 puts() 均定义在头文件 stdio.h 中。

7.3.4　例 7-4：gets()，puts() 函数应用示例

下面是这两个函数使用示例。

```
01  //ch7_4.cpp
02  //gets()、puts() 函数使用示例
03
04  #include<stdio.h>
05  int main()
06  {
07      char str[100];
08
09      gets(str);
10      puts(str);
11
12      puts("Hello, China!");   //直接输出双引号内的字符串
13
14      return 0;
15  }
```

旧版本的 gcc 编译器对 gets() 函数支持不够好，会出现警告信息。

7.3.5 函数 getchar()

函数 getchar() 在处理字符数组、字符串时经常使用。其功能是从标准输入设备读取一个字符。返回类型为 int 型，返回值为用户输入字符的 ASCII 码，出错返回 −1。

下面的例子演示 getchar() 的用法。

7.3.6 例 7-5：getchar() 函数应用 —— 将输入的字符串逆序输出

```
01   //ch7_5.cpp
02   //getchar() 使用示例 —— 将输入的字符串逆序输出
03
04   #include<stdio.h>
05   main()
06   {
07      char arr[80];
08      char ch;
09      int counter=0;
10      int i=0;
11
12      while((ch=getchar())!='\n')
13      {
14         arr[i]=ch;
15         counter++;
16         i++;
17      }
18
19      for(i=counter−1;i>=0;i−−)
20      {
21         printf("%c",arr[i]);
22      }
23
24      return 0;
25   }
```

程序中表达式

(ch=getchar())!='\0'

的功能是将输入的每个字符先赋值给变量 ch，然后做条件检查，若回车，退出 while 循环。

7.4　常用字符串函数

下面介绍四个常用字符串处理函数。这些函数都定义在 string.h 头文件中，使用时必须做预处理：

#include<string.h>

7.4.1 字符串长度函数 strlen()

函数 strlen() 的功能是计算字符串的长度。其格式为：

int strlen(char str[ ]);

其中 str 为已定义并赋值的字符串，函数返回字符串 str 的长度。

strlen() 函数在调用时，从内存的某个位置（一般是字符串开头）开始扫描，直到碰到第一个字符串结束符'\0' 为止，然后返回计数器值 (长度不包含'\0')。

7.4.2 例 7-6：strlen() 函数示例 —— 求字符串长度

下面是个简单示例，用 strlen() 函数来计算一个字符串的长度，并根据长度，使用循环输出该字符串的所有元素。

```
01  //ch7_9.cpp
02  //strlen() 使用示例 —— 求字符串长度
03
04  #include<stdio.h>
05  #include<string.h>
06  int main()
07  {
08      char str[]="China is great!";
09      int len;  //字符串长度
10      int i;
11
12      len=strlen(str);
13
14      for (i=0; i<len; i++) //输入字符串 str
15      {
16          printf("%c",str[i]);
17      }
18      printf("的长度:%d\n",len);
19
20      return 0;
21  }
```

程序运行后输出：

China is great!的长度: 15

7.4.3 字符串连接函数 strcat()

将两个字符串连接。函数 strcat() 的形式是：

char *strcat(char destin[ ], char source[ ]);

　　该函数的功能是将字符串 source 的内容连接到字符串 destin，使两个字符串合成一个字符串，并存放在字符串 destin 中。函数返回指向字符串 destin 的指针。

　　注意：使用 strcat() 函数时，字符串 destin 的长度要足够大，可以存放两个字符连接后的字符串（包括字符串结束标识：'\0'）。

7.4.4　例 7-7：strcat() 函数使用示例 —— 连接字符串

```
01   //ch7_10.cpp
02   //strcat() 使用示例 —— 连接字符串
03
04   #include<stdio.h>
05   #include<string.h>
06   int main()
07   {
08       char strA[100]="I enjoy ";
09       char strB[100]="C.";
10
11
12       strcat(strA,strB);
13
14       printf("%s\n",strA);
15
16       return 0;
17   }
```

　　程序运行结果输出：

```
I enjoy C.
```

7.4.5　字符串复制函数 strcpy()

　　函数 strcpy() 的形式是：

char *strcpy(char destin[ ], char source[ ]);

　　该函数的功能是将字符串 source 的内容复制到字符串 destin，使两个字符串合成一个字符串，并存储在字符串 destin 中。函数返回指向字符串 destin 的指针。

　　注意：使用 strcpy() 函数时，字符串 destin 的长度不能小于 source 的长度，否则会引用错误。

7.4.6　例 7-8：strcpy() 函数使用示例 —— 字符串复制

```
01   //ch7_11.cpp
02   //strcpy() 使用示例 —— 字符串复制
03
04   #include<stdio.h>
05   #include<string.h>
06   int main()
07   {
08       char strA[100]="I enjoy ";
09       char strB[100]="C programming.";
10
11
12       strcpy(strA,strB);
13
14       printf("%s\n",strA);
15
16       return 0;
17   }
```

程序运行结果输出：

C programming.

7.4.7　字符串比较函数 strcmp()

函数 strcmp() 的定义为：

int strcmp(char strA[ ],char strB[ ]);

该函数的功能是比较两个字符串的大小。调用该函数时，对两个字符串 strA 和 strB 从左到右逐个字符（按 ASCII 码值）进行比较，直到出现不同的字符或遇到结束标志'\'为止。函数返回值是所比较两个字符串的 ASCII 的差值，即，如果字符串 strA 小于 strB，则函数返回负整数 −1，如果两字符串相等，函数返回 0，否则返回正整数 1。

下面用示例来说明 strcmp() 的使用。

7.4.8　例 7-9：strcmp() 函数应用 —— 口令系统

从键盘输入字符串，如果与系统密码相同，则显示：Welcome you! 如果与系统密码不同，则输出：Input error. Try again. 连续三次输入密码错误，程序结束。

```
01   //ch7_12.cpp
02   //strcmp() 使用示例 —— 口令系统
03
```

```
04    #include<stdio.h>
05    #include<string.h>
06    int main()
07    {
08        char password[30]="welcome";    //系统密码
09        char str[30];
10        int counter=0; //口令计数器
11
12        printf("Input the system password:") ;
13        while (counter<3)
14        {
15            gets(str);
16            if (strcmp(str,password)==0)
17            {
18                printf("Welcome you!\n");
19                break;
20            }
21            else
22            {
23                if (counter<2)
24                {
25                    printf("Input error.Try again.\n");
26                }
27                else
28                {
29                    printf("Input error.Bye.\n");
30                }
31                counter++;
32            }
33        }
34
35        return 0;
36    }
```

本程序循环体内含有嵌套 if 语句，这样做的目的是，假如第 3 次密码输入还是错，出错提示信息与前两次不同。程序运行结果：

```
Input the system password: abcdef
Input error.Try again.
123456
Input error.Try again.
welcome
Welcome you!
```

7.5 字符数组与字符串的区别

C 语言的字符数组与字符串的定义有区别。

字符数组是一个存储字符的数组，而字符串是一个用双括号括起来的以'\0' 结束的字符序列，虽然字符串是存储在字符数组中的，但是一定要注意字符串的结束标志是'\0'。

对于已赋值的字符数组，C 语言会自动在其末尾加'\0'。

字符串就是以字符数组形式存储的。可以把一个字符串看成是一个字符数组，可以按数组那样操作。字符数组赋值后成为字符串。

字符数组和字符串没有本质的区别，不过，在两者声明赋值时还是不一样的。主要有两点不同：

(1) 字符数组显式声明并赋初值时，数组长度与初值元素个数相同；字符串显式声明并赋初值时，字符数组长度要比初值字符串大 1。下面的程序演示这一细微差别。

例 7-10：字符数组与字符串区别示例

```
01  //ch7_13.cpp
02  //演示字符数组与字符串区别
03
04  #include<stdio.h>
05  #include<string.h>
06  int main()
07  {
08      //正确: 数组声明长度与元素个数相同, 实际占 4 字节, 数组长度按 3 计算
09      char strA[3]= {'a','b','c'};
10      printf("%d\n",strlen(strA)); //输出:3
11
12      //正确: 隐式声明, 系统根据需要确定数组长度
13      char strB[]= {'a','b','c'};
14      printf("%d\n",strlen(strB));  //输出:3
15
16      //错误: 数组长度不足
17      //char strC[3]="abc";    //错误语句不能运行
18
19      //正确: 数组声明长度 4, 前 3 个放字符串, 最后放'\0', 数组长度按 3 计算
20      char strD[4]="abc";
21      printf("%d\n",strlen(strD));  //输出:3
22
23      //正确: 隐式声明, 系统根据需要确定数组长度
24      char strE[]="abc";
25      printf("%d\n",strlen(strE));;  //输出:3
26
27      return 0;
28  }
```

(2) 已声明的字符数组不支持字符串常量赋值，看下面的例子：

```
char str[100]; //声明数组
str="C programming"; //非法字符串赋值语句，不能运行
```

但对字符数组，支持单个元素赋值：

```
char str[100]; //声明数组
str[0]='C'; //字符数组第 1 个元素赋值'C'
str[1]=' '; //字符数组第 2 个元素赋值空格' '
str[2]='p'; //字符数组第 3 个元素赋值'p'
...
str[12]='g'; //字符数组第 13 个元素赋值'g'
```

如果要将字符串常量整体赋值给字符数组，可以使用字符串复制函数 strcpy()。

7.6　字符串数组

本章前面已经讲过字符数组，现在来学习字符串数组。字符数组的每个元素只能存储单个字符，而用来存储字符串的数组叫字符串数组。其实字符串数组是字符型二维数组。

例 7-11：字符串数组示例

下面的程序定义了一个可以存储 2 个字符串、每个字符串长度不超过 50 的字符串数组 str。

```
01   //ch7_14.cpp
02   //字符串数组
03
04   #include<stdio.h>
05   #include<string.h>
06   int main()
07   {
08       char str[2][50];
09       int i;
10
11       printf("输入两个字符串，以空格分隔:\n");
12       for (i=0; i<2; i++)
13       {
14           scanf("%s,",str[i]);   //str 前不加地址操作符 &
15       }
16
17       printf("结果: \n");
18       for (i=0; i<2; i++)
```

```
19    {
20        printf("%s\n",str[i]);
21    }
22
23    return 0;
24 }
```

本程序做注释如下：

(1) 在输入时可以中间用空格（或 Tab 键、回车）分隔两个字符串，下面是程序运行时的例子：

输入两个字符串，以空格分隔：
abcd 123456
结果：
abcd
123456

(2) 在输入语句中使用 str[i]，看似一维数组，其实它表示字符串数组中的第 i+1 个（下标与元素序号差 1）字符串的地址，因此在使用函数 scanf() 时不用加地址操作符 &。

(3) 因字符串数组是二维字符数组，因此仅带一个下标括号（[ ]）的标识符 str[i] 就可以表示内容为字符串的数组元素，而每个元素 str[i] 的内容是一个字符串。

习　题

1. 输入表示姓名的字符串 (长度不超过 10)，输出问候语。例如：输入姓名为 John，输出 "Hi, John, how about you?"。

2. 输入一个字符串 (字符串长度不超过 100)，分别统计出其中英文字母、数字和其他字符的个数。

3. 输入一个字符串 (中间不要输入空格)，字符串长度不超过 100，将字符串中的大写字母转换为小写字母，其他字符不变，然后输出。

4. 输入一个形如"abc123,ABC456"的字符串 (其长度不超过 20)，将其从分割符（","）位置分割成两个字符串，然后分两行分别输出。

5. 输入一个字符串 (字符串长度不超过 100)，统计其中有多少个单词。约定：如果相邻两个字符间不是连续字母，则为单词。

6. 分两行输入两个字符串，判断其长度是否相等。

7. 数的逆序输出。输入一个整数，要求逆序输出该数。要求在输入时将整数当作字符串保存在字符数组中。

8. 电文加密。有一行电文 (字符串长度不超过 100)，要求按一定规则加密，方法是将每一英文字母向后或向前移动若干位，移位数称为密钥，以下是密钥 key 为 4 的情形：

A–>E a–>e

B–>F b–>f

⋮

W–>A w–>a

X–>B x–>b

Y–>C y–>c

Z–>D z–>d

即第 1 个字母变成其后第 4 个字母。非字母字符不变。编程实现任意字符串的加密。输入时分两行，第一行输入密钥整数 key（−10<key<10），第二行输入一字符串，将加密后的字符串输出。

9. 字母的频数。从键盘输入一个字符串，该字符串实际长度不超过 1000。统计出现频数最高的英文字母并输出该字母、频次。英文字母区分大小写。如果最高频字母有两个，按第一次现出的输出。提示：定义存储每个字母频数的数组，下标与字母在 ASCII 表中的数值相同字符串遍历，并将出现的每一个字母记入数组，根据频数数组统计结果输出。

第8章 函 数

本 章 要 点

- 函数的概念。
- 函数的定义和调用方法。
- 函数参数的传递方法。

8.1 函 数 概 念

对于一般小程序，代码量只有十几行到几十行，探讨如何组织、改进程序结构，也许提升意义不明显。但对较大的程序就完全不同了，如果将几百上千、甚至上万行程序写在一个主函数里，会造成很多混乱。

另一方面，较大的软件开发很难由一个人独立完成，一般都需要分工合作。为便于规划、组织、编程和调试，实现更高效的软件开发，几乎所有的程序设计工具都引入了函数。其思想是，将大的程序（工程）分割为若干模块，每个模块功能相对单一、独立，将这些模块单独编写成函数或子程序，就可以将功能复杂、代码量庞大的程序，通过在主函数（程序）中调用的方式实现。

在 C 语言中，每个可运行的程序都由至少一个函数组成。最简单的程序，也有一个主函数 main()。从程序的结构上来说，无论程序量的大小，最后都归结为函数的设计和编写上。

每个 C 语言程序的入口和出口都位于函数 main() 之中。main() 函数可以调用其他函数，这些函数执行完毕后程序的控制又返回到 main() 函数中，main() 函数不能被别的函数所调用。

需要指出的是，函数这部分知识很重要，可以说一个程序结构的优劣集中体现在函数上。如果函数使用的恰当，可以让程序看起来条理清晰。如果函数使用的乱七八糟或者是没有使用函数，程序就会显得凌乱不堪，不仅让别人无法看懂，就连编程者本人也容易晕头转向。一般情况下，超过 100 行的程序，建议将其中部分功能单独编写函数。

总之，函数是程序设计方法中的重要内容，一定要学好、用好函数。

8.2   函数的定义

和变量一样，要使用函数，需要遵循先声明、定义，后调用。

8.2.1   函数的定义格式

一个函数包括函数头和语句体两部分。一个完整的函数定义格式是：

函数返回值类型   函数名 (参数表)
{
    语句体;
}

函数返回值类型可以是某种数据类型或者某种数据类型的指针、指向结构体的指针、指向数组的指针等。

函数名在程序中必须是唯一的，必须遵循标识符命名规则。

参数表可以没有也可以有多个，在函数调用的时候，实际参数将被复制到这些变量中。语句体包括局部变量的声明和可执行代码。

8.2.2   函数的声明和调用

为了调用一个函数，必须先声明该函数的返回值类型和参数类型，这和使用变量的道理是一样的（有一种可以例外，就是函数的定义在调用之前，后面再讲）。

8.2.3   例 8-1：简单函数示例

下面是一个简单函数声明、定义、调用的示例。函数的功能是输入一个整数，然后输出这个整数。主函数的功能就是调用该函数。

```
01  //ch8_1A.cpp
02  //简单函数示例
03
04  #include<stdio.h>
05  void fun(void); //函数声明, 无返回值, 无参数
06  int main()
07  {
08      fun(); //函数调用
09
10      return 0;
11  }
12
13  void fun(void) //函数定义, 无参数, 无返回值
14  {
15      int n;
16
```

```
17      printf("输入一个整数：");
18      scanf("%d",&n);
19      printf("%d\n",n);
20   }
```

程序运行结果：

```
输入一个整数：5
5
```

函数的定义中使用了关键字 void，字面意思是"空"，如果函数返回类型和参数都为 void，表示无返回值、无参数传递。下面这个程序不使用自定义函数，但可实现同样功能。

```
01   //ch8_1B.cpp
02   //与 ch8_1A.cpp 功能相同，无自定义函数
03
04   #include<stdio.h>
05   int main()
06   {
07      int n;
08
09      printf("输入一个整数：");
10      scanf("%d",&n);
11      printf("%d\n",n);
12
13      return 0;
14   }
```

可以看出，程序实际上就是把 fun() 函数里面的所有内容直接搬到 main() 函数里面（注意，这句话不是绝对的）。程序运行结果：

```
输入一个整数：5
5
```

当函数定义在调用之前时，可以不声明函数。所以前面两个程序和下面这个程序功能相同：

```
01   //ch8_1C.cpp
02   //与 ch8_1A.cpp 功能相同，但在主函数前定义函数
03
04   #include<stdio.h>
05   void fun(void) //函数定义
06   {
07      int n;
08
```

```
09        printf("输入一个整数：");
10        scanf("%d",&n);
11        printf("%d\n",n);
12    }
13
14    int main()
15    {
16        fun(); //函数调用
17
18        return 0;
19    }
```

程序运行结果：

输入一个整数：5
5

　　因为定义在调用之前，所以可以不声明函数，这是因为编译器在编译的时候，已经发现标识符 fun 是一个已经定义的函数。

　　那么很多人也许就会想，既然可以先定义函数，何必还要声明这一步呢？只要把所有的函数的定义都放在前面不就可以了吗？这种想法是不可取的，一个规范化的程序总是在程序的开头声明所有用到的函数和变量，这是为了以后调试、阅读程序方便。

8.2.4　函数嵌套调用

　　main() 函数可以调用别的函数，那么自己定义的函数能不能再调用其他函数呢？答案是可以的。看下面的例子。

8.2.5　例 8-2：函数的嵌套调用

```
01    //ch8_2.cpp
02    //函数的嵌套调用
03
04    #include<stdio.h>
05    void funA(void); //声明函数 funA()
06    void funB(void); //声明函数 funB()
07    int main()
08    {
09        funA(); //调用函数 funA()
10
11        return 0;
12    }
13
14    void funA(void) //函数 funA() 定义
```

```
15  {
16      funB();  //调用函数 funB()
17  }
18
19  void funB(void) //函数 funB() 定义
20  {
21      int n;
22
23      printf("输入一个整数：");
24      scanf("%d",&n);
25      printf("%d\n",n);
26  }
```

程序运行结果：

输入一个整数：5
5

　　main() 函数先调用 funA() 函数，而 funA() 函数又调用 funB() 函数。C 语言对调用函数的层数没有严格的限制，可以调用 100 层、1000 层，但是并不提倡调用的层数太多（除非是递归），因为层数太多，对程序的调试有干扰。

　　学习了上面的例子，初学者可能不明白，似乎使用函数后，程序变得更长了，阅读程序更困难了。当然，本章前面举的这些例子主要用来说明声明、定义、调用函数的语法，从程序功能上来说的确没有必要用函数来实现，但是对于某些实际问题，如果不使用函数，会让程序变得很乱，这涉及函数的参数传递问题。

8.3　函数参数的传递

8.3.1　形式参数和实际参数

　　本章前面程序中的函数均没有参数，实现的功能单一。在函数间，特别是主函数与自定义函数间传递参数，既能实现相对独立的程序结构，又可实现数据按功能（函数）分别进行处理，并共享处理结果。

　　调用函数时把一些表达式作为参数传递给函数，就是函数的参数传递。函数定义中的参数是**形式参数**，简称**形参**。函数调用时提供给函数的参数叫**实际参数**，简称**实参**。

　　函数的参数传递有三种方式：传值、传地址、传引用。本章主要介绍参数的传值调用，另外两种将在下章介绍。

　　传值调用指的是，在函数调用之前，实参的值将被复制到这些形参中。

8.3.2　变量作为函数参数

　　先看下面的简单参数传递示例。

8.3.3　例 8-3：函数参数传递

```
01   //ch8_3.cpp
02   //函数参数传递
03
04   #include<stdio.h>
05   void fun(int m); //注意函数声明格式, 或者: void fun(int);
06   int main()
07   {
08      int n;
09
10      printf("输入一个整数: ");
11      scanf("%d",&n);
12
13      fun(n); //函数调用, 实参 n
14
15      return 0;
16   }
17
18   void fun(int m) //函数定义, 形参 m
19   {
20      printf("%d\n",m);
21   }
```

程序运行结果：

```
输入一个整数: 5
5
```

在主函数中，先定义一个变量 n，然后输入一个值给 n，当调用 fun() 时，在该函数中输出。当程序运行 fun(n) 这一步时，把 n 的值赋值给 m，在运行程序过程中，把实际参数的值传给形式参数，这就是函数参数的传递。

函数的参数可能不止一个，如果多于一个，在函数声明、定义、调用时，形参与实参要一一对应，不仅个数要对应，参数的数据类型也要对应。如果不对应，有可能出现编译错误，即使没有编译错误，也有可能在数据传递过程中出现错误。

下面用示例来说明函数传递多参数的方法。

8.3.4　例 8-4：函数的多参数传递

```
01   //ch8_4.cpp
02   //函数多参数传递
03
04   #include<stdio.h>
```

```
05  void fun(int,float); //注意函数声明格式, 两个参数两种数据类型
06  int main()
07  {
08      int n;
09      float f;
10
11      printf("输入一个整数：");
12      scanf("%d",&n);
13
14      printf("输入一个浮点数：");
15      scanf("%f",&f);
16
17      fun(n,f); //函数调用，实参 n,f
18
19      return 0;
20  }
21
22  void fun(int nA,float fA) //函数定义，形参 nA,fA
23  {
24      printf("%d\n",nA);
25      printf("%f\n",fA);
26  }
```

本程序中，函数传递两个参数，一个是整型，一个是浮点型。

程序运行结果：

输入一个整数：6
输入一个浮点数：1.234
6
1.234000

8.3.5 例 8-5：函数的实参与形参同名

```
01  //ch8_5.cpp
02  //函数形参与实参同名
03
04  #include<stdio.h>
05  void fun(int); //函数声明
06  int main()
07  {
08      int n;
09
10      printf("输入一个整数：");
```

```
11      scanf("%d",&n);
12
13      fun(n); //函数调用，实参 n
14
15      return 0;
16  }
17
18  void fun(int n) //函数定义，形参 n
19  {
20      printf("%d\n",m);
21  }
```

程序运行结果：

输入一个整数：6
6

这个程序表明，形参和实参的标识符都是 n，程序把实参 n 的值传递给形参 n。但一般不推荐这样的写法，因为形参与实参是两个概念，两个参数容易搞混。

形参与实参标识符之所以可以相同，这与标识符作用域有关。作用域是指，哪些变量在哪些范围内有效。一个标识符在一个语句体中声明，那么这个标识符仅在当前和更低的语句体中可见，在函数外部的其他地方不可见，其他地方同名的标识符不受影响。

8.3.6　函数的返回值

C 语言函数可以像变量、数组一样有值，既然有值就有数据类型。

下面看一个例子，要求在 main() 函数里输入一个整数作为正方形的边长，在子函数返回正方形的面积，然后再在主函数里输出这个面积。

8.3.7　例 8-6：函数返回值 —— 计算正方形面积

```
01  //ch8_6A.cpp
02  //函数返回值 —— 计算正方形面积
03
04  #include<stdio.h>
05  int square(int); //函数声明，有返回值
06  int main()
07  {
08      int n;
09
10      printf("输入正方形边长 (整数): ");
11      scanf("%d",&n);
12
13      printf("面积:%d\n",square(n));   //调用函数并输出函数返回值
```

```
14
15      return 0;
16  }
17
18  int square(int n)
19  {
20      int area;
21
22      area=n*n;
23
24      return area; //返回一个值
25  }
26
```

程序运行结果：

输入正方形边长（整数）：5
面积：25

本程序和前面的程序有几点不同：

(1) 声明函数类型时，不是 void，而是 int。这是因为返回的面积值是整型，所以声明函数的返回值类型是整型。

(2) return 语句，它的意思就是返回一个值。return 一般是在函数的最后一行（有时程序需要跳出循环也可能在循环体中）。

(3) 调用函数的时候，由于函数有一个返回值，可以定义变量 area 存放这个返回值，有时返回值不一定非要用一个变量来存放，可以使用关键字 return 直接返回计算结果，其好处是函数的返回值可以直接放到输出缓冲区输出了。上面的程序可以简化为：

```
01  //ch8_6B.cpp
02  //函数返回值 —— 计算正方形的面积 (函数简化版)
03
04  #include<stdio.h>
05  int square(int);  //函数声明, 有返回值
06  int main()
07  {
08      int n;
09
10      printf("输入正方形边长（整数）：");
11      scanf("%d",&n);
12
13
14      printf("面积:%d\n",square(n));   //调用函数并输出函数返回值
15
16      return 0;
```

```
17    }
18
19    int square(int n)
20    {
21        return n*n; //返回一个值
22    }
```

8.3.8   例 8-7：输出区间 [2, 5000] 上的第 n 个素数

输出区间 [2, 5000] 上的第 n（n<660）个素数，n 从键盘输入。

下面用两种方法实现，其中方法 2 使用了判断素数函数，通过两种方法程序的对比，可加深对函数的理解。

方法 1：在主函数内实现。

```
01    //ch8_7A.cpp
02    //输出区间[2, 5000]上的第 n(n<650) 个素数 —— 主函数内实现 (数组法)
03
04    #include<stdio.h>
05    int main()
06    {
07        const int N=5000;   //常变量类型,N 为区间的上限
08        int n;
09        int arr[1000];   //存放素数的数组
10        int i,j,k;
11
12        printf("输入正整数 n: ");
13        scanf("%d",&n);
14
15        //穷举法找出 N 内的所有素数，并将其存储到数组 arr
16        k=0;   //素数数组下标
17        for (j=2; j<N; j++)
18        {
19            //如果 j 不能被 1 和 j 本身之外的 2~(j−1) 的所有整数相除，则为素数
20            for (i=2; i<j; i++)
21            {
22                //若 j 能被 2~(j−1) 间的任一整数整除，不是素数，退出内层循环
23                if (j%i==0)
24                {
25                    break;
26                }
27            }
28
29            //其他情况为素数
30            if (i==j)
```

```
31          {
32              arr[k]=j;
33              k++;
34          }
35      }
36
37      printf("第 %d 个素数是：%d\n",n,arr[n-1]);
38
39      return 0;
40  }
```

程序运行结果：

输入正整数 n：100
第100个素数是：541

方法 2：定义一个判断素数函数，在主函数中调用。

```
01  //ch8_7B.cpp
02  //输出区间[2, 5000]上的第 n(n<650) 个素数 —— 函数法
03
04  #include<stdio.h>
05  bool isPrime(int n); //判断数 n 是否为素数的函数声明
06  int main()
07  {
08      const int N=5000;  //常变量类型,N 为区间的上限
09      int n;
10      int counter=0; //素数计数器
11      int i;
12
13      printf("输入正整数 n：");
14      scanf("%d",&n);
15
16      //穷举找出 N 以内的所有素数
17      for (i=2; i<=N; i++)
18      {
19          if (isPrime(i)==true)
20          {
21              counter++;  //素数计数器
22          }
23          if (counter==n) //素数计数器与 n 相等时输出结果并退出循环
24          {
25              printf("第 %d 个素数是：%d\n",n,i);
26              break;
27          }
```

```
28        }
29
30        return 0;
31   }
32
33   bool isPrime(int n)  //函数定义
34   {
35        int i;
36
37        if (n<=1) //1 不是素数
38        {
39            return false;
40        }
41
42        for (i=2; i<n; i++)
43        {
44            //若 j 能被 2~(j-1) 间的任一整数整除，不是素数，函数返回假
45            if (n%i==0)
46            {
47                return false;
48            }
49        }
50
51        return true;
52   }
```

在方法 1 中，使用了嵌套循环；而方法 2 定义了一个专门判断素数的函数 isPrime()，在主函数中引用该函数，主函数的循环只有一层。很明显，方法 2 更清晰，可读性更好。

如果定义了判断素数函数 isPrime()，在与素数相关题目中就可以直接复制过来，并方便地在主函数中调用，如求某区间上的所有素数、素数个数、最小素数、最大素数，求某区间上的对称素数、孪生素数、梅生素数等。

另外一种方法是将某自定义函数保存为文件类型名为".h"格式的文件，然后在主函数中就可以像调用系统函数 abs()、pow()、sqrt() 那样方便。比如，可以将下面的程序存储为 prime.h，并放在 C 语言或开发工具安装路径的 include 文件夹下（参见图 8.1）。

8.3.9　例 8-8：自定义判断素数头文件 prime.h

```
01   //ch8_8.cpp
02   //判断一个正整数是否为素数的函数定义
03
04   bool is_prime(int n)  //bool 型返回值，只能是真或假两者之一
05   {
06        int i;
```

```
07
08    if (n<=1) //1 不是素数
09    {
10        return false;
11    }
12
13    for (i=2; i<n; i++)
14    {
15        //若 j 能被 2~(j−1) 间的任一整数整除，不是素数，函数返回假
16        if (n%i==0)
17        {
18            return false;
19        }
20    }
21
22    return true;
23 }
```

图 8.1　自定义头文件路径和文件夹

当需要此函数时，在主函数 main() 前编写如下预处理命令：

include<prime.h>

这样就可以在主函数中直接调用函数 isPrime() 了。下面的程序演示直接调用头文件 prime.h 中的函数 isPrime()，这样可使主函数内的程序更简洁。

8.3.10　例 8-9：使用自定义头文件 —— 孪生素数

如果 n−2 和 n 都是素数，则称他们是孪生素数。输入 m，输出不超过 m 的所有孪生素数对。m 范围：5 ≤ m ≤ 10000。如：m=5，输出：3 5。

```
01  //ch8_9.cpp
02  //输出不超过 m 的所有孪生素数对 —— 头文件法
```

```
03
04    #include<prime.h> //自定义头文件
05    #include<stdio.h>
06    int main()
07    {
08        int m;
09        int i,j;
10
11        printf("输入正整数 m: ");
12        scanf("%d",&m);
13
14        for (i=2; i<=m−2; i++)
15        {
16            for (j=4; j<=m; j++)
17            {
18                if (j==i+2 && isPrime(i)==true && isPrime(j)==true)
19                {
20                    printf("%d %d\n",i,j);
21                }
22            }
23        }
24
25        return 0;
26    }
```

程序运行结果：

```
输入正整数 m: 20
3 5
5 7
11 13
17 19
```

在平时的编程中，可以把一些经常使用的特色功能（这些功能没有现成的库函数），以库函数的形式保存下来，日积月累，在写数千行、甚至数万行的大程序时，很多功能可直接调用自定义函数，这样可减少重复，提高效率。

8.4　递归函数

在函数调用时，如果函数直接或间接调用自身，称为递归函数。直接递归调用方法是在定义函数时，在其函数体内包含了调用该函数本身的语句。间接递归调用是在其函数体内间接包含了对自己的调用，如函数 funA() 调用了 funB()，而函数 funB() 又调用了函数 funA()。

递归函数是一种常用编程技术。下面是求阶乘递归函数的示例。

8.4.1 例 8-10：递归函数 —— 求阶乘 n!

```
01   //ch8_10.cpp
02   //函数递归调用 —— 阶乘
03
04   #include<stdio.h>
05   long fact(int); //声明阶乘函数, 函数名为 factorial 的简写
06   int main()
07   {
08      int n;
09
10      printf("输入一个正整数 (<12):");
11      scanf("%d",&n);
12
13      printf("%d\n",fact(n));
14
15      return 0;
16   }
17
18   long fact(int n)
19   {
20      if (n==1)
21      {
22         return 1;
23      }
24      else
25      {
26         return n*fact(n−1); //调用函数自己
27      }
28   }
```

程序运行结果：

```
输入一个正整数(<12):4
24
```

注意：在递归函数中，一定要有 return 语句，没有 return 语句的递归函数是无限递归，无限递归是错误程序。本程序中，递归函数一直调用自己，直到满足条件"n==1"时不再继续调用自己，而是返回 1。如果没有这个 return 1，则成无限递归。

虽然递归不难理解，功能也很强，但是初学者在使用递归函数的时候，很容易出现问题。一般有两个原因：一是如何往下递归，也就是不知道怎么取一个变量递归下去；二是不知道怎么终止递归，经常弄个无限递归。

下面再看一个递归函数求和的示例。

8.4.2 例 8-11：递归函数 —— 求 1+2+3+···+n

```
01    //ch8_11.cpp
02    //函数递归调用 ——1+2+3+···+n
03
04    #include<stdio.h>
05    int add(int);  //声明加法函数，函数名为 addition 的简写
06    int main()
07    {
08        int n;
09
10        printf("输入一个正整数:");
11        scanf("%d",&n);
12
13        printf("%d\n",add(n));
14
15        return 0;
16    }
17
18    int add(int n)
19    {
20        if (n==1)
21        {
22            return 1;
23        }
24        else
25        {
26            return n+add(n−1); //调用函数自己
27        }
28    }
```

程序运行结果：

输入一个正整数：5
15

8.5 变量作用域

8.5.1 作用域概念

C 语言标识符作用域有三种：局部、全局、文件。

标识符的作用域决定了程序中的哪些语句可以使用它，换句话说，就是标识符在程序其他部分的可见性。通常，标识符的作用域都是通过它在程序中的位置隐式说明的。

本书仅介绍局部作用域和全局作用域。

8.5.2 局部作用域

到目前为止，本书中所有例子中的变量都是局部作用域，它们都是声明在函数内部，无法被其他函数的代码所访问。函数的形式参数的作用域也是局部的，它们的作用范围仅限于函数内部所用的语句体。

下面的程序演示变量的局部作用域。

8.5.3 例 8-12：局部变量示例

```
01  //ch8_12.cpp
02  //局部变量作用域示例
03
04  #include<stdio.h>
05  void add(int);  //函数名为 addition 的简写
06  int main()
07  {
08      int n=5;
09
10      add(n);
11      printf("主函数内变量 n:%d\n",n);   //输出：主函数内变量 n:5
12
13      return 0;
14  }
15
16  void add(int n)
17  {
18      n++;
19      printf("自定义函数内变量 n:%d\n",n);   //输出：自定义函数内变量 n:6
20  }
```

程序运行结果：

自定义函数内变量 n: 6
主函数内变量 n: 5

上面例子里的两个变量名相同，且都是局部变量，但只在本身函数内可见。程序运行时，编译器会开辟两块内存分别存储这两个局部变量，在两个函数出现同名的变量不会互相干扰。所以上面的两个输出，在主函数里仍然是 5，在调用自定义函数 add() 时输出是 6。

8.5.4 全局作用域

对于具有全局作用域的变量，我们可以在程序的任何位置访问它们。当一个变量是在所有函数的外部声明，也就是在程序的开头声明，那么这个变量就是全局变量。

由于函数调用时只能返回一个值（或无返回值），如果调用函数时对多个变量进行了操作，并且在主函数内想获得这些变量的结果，可以使用全局变量。下面是全局变量的应用示例。

8.5.5　例 8-13：全局变量示例 —— 输入半径求圆直径、周长、面积、体积

```
01   //ch8_13.cpp
02   //全局作用域示例 —— 输入半径求圆直径、周长、面积、体积
03
04   #include<stdio.h>
05   #define PI 3.14
06   float diameter,circle,area,volume;   //全局变量: 直径、周长、面积、体积
07   void fun(int);
08   int main()
09   {
10       float radius;
11
12       printf("输入半径: ");
13       scanf("%f",&radius);
14
15       fun(radius);    //调用函数
16
17       printf("直径:%.2f\n",diameter);
18       printf("周长:%.2f\n",circle);
19       printf("面积:%.2f\n",area);
20       printf("体积:%.2f\n",volume);
21
22       return 0;
23   }
24
25   void fun(int r)
26   {
27       diameter=2*r;
28       circle=2*PI*r;
29       area=PI*r*r;
30       volume=4.0/3*PI*r*r*r;    //注意: 4 须写为 4.0 或 (float)4
31   }
```

程序运行结果：

```
输入半径: 1.00
直径: 2.00
周长: 6.28
面积: 3.14
体积: 4.19
```

因为全局变量容易引起命名冲突，当出错的时候，很难找到是在哪个函数中更改了变量，结果是各函数或模块间的耦合度增加，不利于程序的结构化，一般的建议是谨慎使用全局变量。

习　　题

1. 计算 $1! + 2! + \cdots + n!$，n 从键盘输入。要求：自定义函数 int factorial (int n)；然后在主函数中调用该函数。

2. 自定义函数：bool isPrime (int n)，该函数当参数 n 为素数时返回真、否则返回假；在主函数内调用该函数。实现下列功能：

(1) 输入两个正整数 M，N，M < N < 10000，计算并输出区间 [M,N] 上素数个数，最小素数、最大素数等。

(2) 输入两个正整数 M，N，M < N < 10000，计算并输出区间 [M,N] 上的对称素数。对称素数定义：如果该数是素数，其逆序数也是素数，如：13—31，17—71。

(3) 输入正整数 k，k < 9，输出前 k 个梅森素数。梅森素数定义：若 n 和 $2^n - 1$ 均为素数，称 n 为梅森素数。

3. 自定义函数 float myPow (float x, int n)，用于求 x^n。编程在主函数内调用该函数实现对幂运算。

4. 猴子吃桃。猴子每天吃掉前一天剩下的桃子的一半又多一个，到第 n 天只剩下一个桃子，问最开始有几个桃子？从键盘输入 n，n ≥ 1，n，输出开始时的桃子数。要求：自定义递归函数 int peach (int n)，函数返回 n 天前桃子数量；然后在主函数内调用。

5. 计算斐波那契数列前 n 项的和，n 从键盘输入。斐波那契数列定义：1,1,2,3,4,$\cdots$，即从第 3 项开始每项为前两项的和。自定义求斐波那契数列的第 n 项的递归函数：int fib(int n)，该函数返回斐波那契数列的第 n 项。

6. 纸的厚度。一张纸，经过 n 次对折后的厚度是 1000 米，问未对折前的厚度是多少米。n 从键盘输入，n ≥ 0。输出时保留 3 位小数。要求自定义函数：float height(int n)，函数返回 n 次对折后的厚度。

7. 大小写字母转换。定义一个大小写字母转换函数：void shiftUpLow (char& ch)，其中参数传递为引用，函数的功能：若参数 ch 为小写字母将其转换为大写，若 ch 为大写字母将其转换为小写。在主函数内调用该函数。

8. 从键盘输入正整数 n，然后从键盘上输入 n 个整数并存入数组，输出数组中最大数的位置。如果有两个或两个以上最大值，取第一次出现位置。要求通过调用自定义函数来实现。自定义函数为：int maxPosition (int arr[], int n)，函数返回数组 arr[] 中最大值的位置。

9. 从键盘上输入 n 个整数并存入数组，输出这个数组元素的均值。要求通过调用自定义函数来实现。自定义函数为：float ave (int arr[], int n)，函数返回数组元素的均值。

10. 自定义函数：arrReverse (int arr[], int n)，该函数的功能是将 arr[] 的元素按原来的次序逆序排列，其中 n 表示数组 arr[] 的长度。从键盘上输入 n 个整数并存入一个数组 arr[]，调用该函数后输出数组元素。

第9章 指 针

本 章 要 点

- 地址的概念。
- 指针的概念、指针的运算。
- 指向变量的指针、指向数组的指针、指向字符串的指针、指向函数的指针。
- 指向指针的指针、指向字符串数组的指针、指向二维数组的指针。
- 变量地址作为函数参数。
- 数组作为函数参数。

9.1 地 址

9.1.1 地址的概念

C 语言的一个重要特性是可以通过指针对计算机的内存进行操作，提高程序运行效率。因为这一特性，C 语言常被应用于各种操作系统、搜索引擎、游戏引擎、实时控制、信号与通信、股票交易等需要高速响应的领域。

内存是计算机进行数据运算的物理存储空间。如程序中的常量、变量、数组、函数、对象等，编译器在执行程序时会将其存放到内存指定地址。每个内存单元有自己的唯一地址标识。每个内存单元为一个字节，不同数据类型变量的长度不一样，存放时所占内存空间大小也不一样。地址的概念类似大学宿舍的门牌号，宿舍的 2 人间、4 人间、8 人间类似于不同数据类型的不同长度。

在本章的学习中，地址是一个重要概念，如果能彻底理解地址的概念并掌握其操作，与地址相关的指针及其运算、指针的各种指向操作、函数参数的地址传递将迎刃而解。

本书将用模拟内存地址图的方式来介绍变量、地址、指针、指向指针的指针等概念间关系，来加深读者对地址的理解。理解了这些地址与地址间、地址与值间的关系，并通过适量练习，就可以很快掌握指针的使用，体会指针的方便、高效。

9.1.2 变量与地址

对声明变量的语句，编译器在执行时会分配一块内存空间专门用于存放该变量。如果变量被赋初值，则编译器将初值存入该变量内存地址；若变量值被修改，则该变量内存地址上的值也随之被修改。

如果有语句：

  int nA=3;

  int nB=78;

系统在执行上面两行程序时，会分配 8 个字节的连续内存单元来存放变量 nA 和 nB，两个变量各占 4 个字节。图 9.1 显示了变量 nA、nB 在内存中的值与模拟变量地址的关系[①]。内存的最小单位为 1 字节，int 型变量的长度为 4 字节，因此变量 nA 的模拟地址为 1000，变量 nB 的模拟地址为 1004。

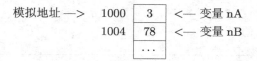

图 9.1　变量与地址

在使用 C 语言的标准输入函数 scanf() 输入变量值时，必须使用地址操作符 &，其作用是先找到该变量地址，然后将输入数据存入该地址的内存空间上。

与地址操作符 & 相对应，指针运算符"*"作用于一个地址（如数组名、指针变量），可以取得该地址上变量的值。如 &x 取得变量 x 的地址，*(&x) 取得该地址内存中的值，即变量 x 的值。下面的程序演示变量值、变量地址、变量地址上的值（即变量值）的异同。

9.1.3　例 9-1：变量值与变量地址示例

```
01   //ch9_1.cpp
02   //变量值与变量地址示例
03
04   #include<stdio.h>
05   int main()
06   {
07       int nA=3;
08       int nB=78;
09
10       printf("nA:%d\n",nA);     //3
11       printf("nB:%d\n",nB);     //78
12
13       //输出结果为表示地址的正整数 (不同平台可能不同)
14       printf("nA 地址:%d\n",&nA);
15       printf("nB 地址:%d\n",&nB);
16
17       printf("nA 地址上的值:%d\n",*(&nA));   //3, 即 nA
```

[①] 本书中的模拟地址是为了描述地址概念的方便而引入的假设内存地址，真实内存地址与操作系统、计算机硬件、编译器等相关。

```
18      printf("nB 地址上的值:%d\n",*(&nB));   //78, 即 nB
19
20      return 0;
21  }
```

程序运行结果：

```
nA: 3
nB: 78
nA 地址: 10485324
nB 地址: 10485320
nA 地址上的值: 3
nB 地址上的值: 78
```

9.1.4   数组与地址

声明了一个数组后，数组名就表示地址。由于数组元素在内存中是连续存放，数组名表示该数组起始位置的地址，即数组第 1 个元素的地址。这样，数组名可以作为地址来处理，看下面的示例。

9.1.5   例 9-2：数组与地址示例

```
01  //ch9_2.cpp
02  //数组与地址示例
03
04  #include<stdio.h>
05  int main()
06  {
07      int arr[]= {5,4,3,2,1};
08      int i;
09
10      printf("*(arr+i):");
11      for (i=0; i<5; i++)
12      {
13          printf("%d ",*(arr+i)); //输出：5 4 3 2 1
14      }
15      printf("\n");
16
17      printf("arr[i]:");
18      for (i=0; i<5; i++)
19      {
20          printf("%d ",arr[i]); //输出：5 4 3 2 1
21      }
```

```
22    printf("\n");
23
24    printf("(arr+i):");
25    for (i=0; i<5; i++)
26    {
27        printf("%d ",(arr+i));  //输出数组 5 个元素的地址
28    }
29    printf("\n");
30
31    return 0;
32 }
```

本程序的运行结果如下：

```
*(arr+i):5 4 3 2 1
arr[i]:5 4 3 2 1
(arr+i):10485296 10485300 10485304 10485308 10485312
```

其中，第 3 行的输出为数组元素的地址，可以看出，数组元素在内存中是连续存放的，又因每个元素为整型数，需占用 4 字节的长度，所以数组相邻两个元素的地址相差 4。

图 9.2 显示了程序中数组 arr 及其元素与地址的关系。

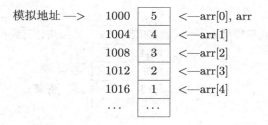

图 9.2 数组与地址

根据数组名与地址的关系，容易理解上面程序中，第 13 行与第 20 行语句效果相同。

需要指出的是，虽然数组名可作为地址使用，可以参与某些运算，但它本质上是一个地址常量，不能像普通变量或指针那样被重新赋值。下面的语句非法：

```
arr=3;
arr++;
++arr;
arr--;
arr=arr+5;
arr+=5;
```

9.2 指 针

9.2.1 指针的概念

简单地说，指针是存放变量地址的变量，其声明格式为：

类型标识符 *标识符；

注意：这里所说的变量，可以是普通变量，也可以是数组、指针、结构体等。实际上指针还可以指向函数或对象，即存放函数或对象的地址，在本章的讲述中将其简化，统一称为变量。

例如：

---

int *p; //声明了一个整型指针变量

要使用指针，就需要定义变量，并将变量地址赋值给指针变量 p。对于普通变量，取地址操作符为 &，如：

---

int n=1;
p=&n;

假设指针变量 p 上的值是表示地址的数值 1012，且假设 1012 地址上的值是 3，则内存情况如图 9.3 所示。

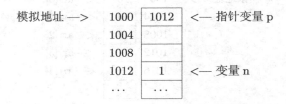

图 9.3 指针、变量的地址

要对指针变量指向地址上的变量进行运算，使用下面的格式：

(*p)++;

下面的例子演示指针的简单操作。

9.2.2 例 9-3：指针简单操作示例

```
01   //ch9_3.cpp
02   //指针简单操作示例
03
04   #include<stdio.h>
```

```
05   int main()
06   {
07       int *p;  //声明了一个整形指针变量
08       int n=1;
09
10       p=&n;  //让指针 p 取变量 n 的地址
11
12       printf("n:%d\n",n);
13
14       (*p)++;  //对指针变量指向变量 n 的运算, 等同于 n++
15
16       printf("指针 p 做 (*p)++ 运算后: \n");
17       printf("*p:%d\n",*p);           //p 指向变量 (即 n) 的值:2
18       printf("p:%d\n",p);             //p 的地址值
19       printf("n:%d\n",n);             //n 的值: 2
20
21       return 0;
22   }
```

程序运行结果:

```
n: 1
指针 p 做(*p)++运算后:
*p: 2
p: 10485316
n: 2
```

在上面的程序中，虽然使用了指针，但由于 (*p)++ 与 n++ 两个运算等效，看似没必要使用指针。实际上，指针变量作为变量，可以进行某些运算，在很多应用中，使用指针更方便。

9.2.3　指针运算

指针的运算实际就是地址的运算，这个跟指针的数据类型密切相关。

指针允许的运算方式有以下几种：

(1) **指针在一定条件下可进行比较**，这里所说的一定条件是指两个指针指向同一个变量才有意义。例如，两个指针变量 pA、pB 指向同一数组，则 <, >, >=, <=, ==, != 等关系运算符都能正常使用。若 pA==pB 为真，则表示这两个指针指向数组的同一元素。

(2) **指针和整数可进行加、减运算**。设 p 是指向某一数组元素的指针，开始时指向数组的首个元素，设 n 为一整数，则 p+n 就表示指向数组的第 n+1 个元素（下标为 n 的元素）。不论指针变量指向何种数据类型，指针和整数进行加、减运算时，编译器会根据所指数组的数据长度对 n 放大，如 char 放大因子为 1，int、short、long、float 放大因子为 4，long long、double 放大因子为 8 等。

(3) 两个指针变量在一定条件下可进行减法运算。设 pA、pB 指向同一数组，则 pA−pB 的绝对值表示 pA 与 pB 所指数组之间的元素个数，其相减的结果遵守数据类型的字节长度进行缩小的规则。例如：

```
int arr[5]= {11,22,33,44,55};
int *pA, *pB;
pA=&arr[0];   //指向 arr 的第 1 个元素
pB=&arr[2];    //指向 arr 的第 3 个元素

//输出两个指针指向数组元素的地址，两地址值相差 4*2=8 字节
printf("%d,%d\n",pA,pB);

printf("%d\n",pB−pA);   //输出两指针差，值为 2
```

9.2.4　指向数组的指针

数组是同数据类型的数据集合，在内存空间中是连续存储的，数组名表示数组首个元素的地址。如，通过语句"int arr[5];"定义数组后，arr 即表示元素 arr[0]（即数组首元素）的地址。指针可以存放数组地址，即可以将数组名赋值给指针。

如果定义数组和指针如下：

```
int arr[5]= {5, 4, 3, 2, 1};
int *pA, *pB;

pA=arr;       //指向 arr，等价于：pA=&arr[0];
pB=&arr[1];    //指向 arr 的第 2 个元素
```

图 9.4 显示了指针与数组的地址关系。

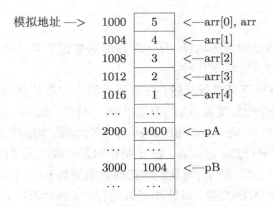

图 9.4　指针与数组的地址关系

9.2.5 例 9-4：指向数组的指针示例

下面是一个指针指向数组的示例程序：

```cpp
01  //ch9_4.cpp
02  //指向数组的指针
03
04  #include<stdio.h>
05  int main()
06  {
07     int *p;  //声明了一个整型指针变量
08     int arr[]= {5,4,3,2,1};
09     int i;
10
11     p=arr; //p 取得数组 arr 的地址
12
13     for (i=0; i<5; i++)
14     {
15        printf("%d ",*p);  //输出：5 4 3 2 1
16        p++;  //指针运算即地址运算
17     }
18     printf("\n");
19
20     p=arr;  //p 重新取得数组 arr 的地址
21     for (i=0; i<5; i++)
22     {
23        printf("%d ",p); //输出 p 当前指向数组元素的地址
24        p++;     //指针运算即地址运算
25     }
26     printf("\n");
27
28     p=arr;    //p 重新取得数组 arr 的地址
29     for (i=0; i<5; i++)
30     {
31        printf("%d ",*p);  //输出：5 6 7 8 9
32
33        //指针指向数组地址上的变量运算, 即数组元素 arr[0]自增 1
34        (*p)++;
35     }
36     printf("\n");
37
38     return 0;
39  }
```

程序运行结果如下（第二行输出为地址）：

5 4 3 2 1
10485296 10485300 10485304 10485308 10485312
5 6 7 8 9

9.2.6   指向字符串的指针

用指向字符串的指针来处理字符串十分方便。其操作方法与指向数组指针相同。

9.2.7   例 9-5：指向字符串的指针 —— 字符串小写字母变大写

下面的例子演示用指向字符串的指针，将字符串小写字母变大写后输出。

```
01   //ch9_5.cpp
02   //指向字符串的指针 —— 小写字母变大写
03
04   #include<stdio.h>
05   int main()
06   {
07       char str[]="Hello world!";
08       char *p;  //声明了一个字符型指针变量
09
10       p=str;  //等价于 p=&str[0]
11
12       while (*p!='\0')
13       {
14           if (*p>96 && *p<123)
15           {
16               *p-=32;
17           }
18           p++;  //等价于*p++, 因为*、++ 是从右向左结合
19       }
20
21       p=str; //指针重新指向数组
22       printf("%s\n",p); //输出：HELLO WORLD!
23
24       return 0;
25   }
```

本程序中，指向字符串的指针与字符串的地址关系如图 9.5 所示。注意：字符串在内存中连续存放时，每个字符占一字节。在看图时，其模拟地址是连续整数，这一点可与前面的指向整型数组的指针比较。

```
模拟地址 —>    1000   H     <—str[0], str
              1001   e     <—str[1]
              1002   l     <—str[2]
              1003   l     <—str[3]
              1004   o     <—str[4]
              1005         <—str[5]
              1006   w     <—str[6]
              1007   o     <—str[7]
              1008   r     <—str[8]
              1009   l     <—str[9]
              1010   d     <—str[10]
              1011   !     <—str[11]
              ...    ...
              2000  1000   <—p
              ...    ...
```

图 9.5　指针与字符串的地址关系

9.2.8　指向函数的指针

由于函数被调用时，函数名作为其连续内存空间的首地址，即函数名可以像数组名一样作为地址，因此，与指向数组的指针、指向字符串的指针类似，可以使用指向函数的指针。下面是一个应用示例，函数的功能是求出两个参数中的最大数。

9.2.9　例 9-6：指向函数的指针 —— 求两数中的最大数

```
01   //ch9_6.cpp
02   //指向函数的指针 —— 输出两个数的最大数
03
04   #include<stdio.h>
05   int max(int, int);
06   int main()
07   {
08      int (*p)(int,int);  //函数指针声明
09      int nA,nB,nC;
10
11      p=max;   //指向函数 max()
12
13      printf("输入第 1 数：");
14      scanf("%d",&nA);
15      printf("输入第 2 数：");
16      scanf("%d",&nB);
17
18      nC=(*p)(nA,nB); //调用函数指针
```

```
19      printf("最大数：%d\n",nC);
20
21      return 0;
22  }
23
24  int max(int x1,int x2)
25  {
26      return (x1>x2)?x1: x2;    //条件运算符
27  }
```

程序运行结果如下：

输入第1数：2
输入第2数：9
最大数：9

9.2.10　双层指针与多层指针的概念

如果一个指针变量 pA 的值为另一个指针变量 pB 的地址，而 pB 的值为变量 n 的地址，则称 pA 为双层（两层）指针，类似，可以定义三层指针。

多层指针的实质仍然是变量及其地址间关系，因此掌握了地址的概念、运算，容易理解双层或多层指针。从语法上讲，C 语言支持指针的层数没有限制（如可以定义指向指针的指针）。但是，受编译器和动态分配内存的影响，实际操作可能不成功；另外，层次越多的指向，指针的控制越困难。

9.2.11　指向指针的指针

指向指针的指针是这样一个变量，这个变量的值存放的是另一个指针变量的地址。听起来有点绕，其实就是多了一层地址，其关系如下：

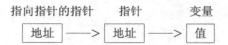

指向指针的指针是最简单的二层指针，其声明格式如下：

数据类型　**变量名称;

下面用模拟内存地址来介绍指向指针的指针、指针与变量的地址关系。如果有下面的语句：

```
int n=9;
int *p;              //指针变量
int **pp;            //指向指针的指针变量
p=&n;                //指针 p 指向变量 n
pp=&p;               //指针 pp 指向指针 p
```

则 pp、p、n 的地址关系如图 9.6 所示。

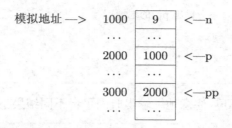

图 9.6 指向指针的指针、指针与变量的地址关系

9.2.12 例 9-7：指向指针的指针示例

下面的具体程序可用来理解变量、指针、指向指针的指针这三个概念中涉及的地址、值的关系。

```cpp
01  //ch9_7.cpp
02  //指向指针的指针示例
03
04  #include<stdio.h>
05  int main()
06  {
07      int *p;    //指针变量
08      int **pp;  //指向指针的指针变量
09      int n=9;
10
11      p=&n;    //指针 p 取 n 的地址
12      pp=&p;   //指针 pp 取 p 的地址
13
14      //以下 3 行输出相同, 均为变量 n 的值
15      printf("%d\n",n);      //输出 9
16      printf("%d\n",*p);     //输出 9
17      printf("%d\n",**pp);   //输出 9
18      printf("---------\n");
19
20      //以下 3 行输出相同, 均为变量 n 的地址
21      printf("%d\n",&n);     //输出变量 n 的地址
22      printf("%d\n",p);      //输出 p 的值
23      printf("%d\n",*pp);    //输出 pp 指向指针 p 的值
24      printf("---------\n");
25
26      //以下 2 行输出相同, 均为指针 p 的地址
27      printf("%d\n",&p);     //输出 p 的地址值
28      printf("%d\n",pp);     //输出 pp 上的值, 即 p 的地址
```

```
29    printf("--------\n");
30
31    printf("%d\n",&pp);      //输出 pp 的地址
32
33    return 0;
34  }
```

程序运行后的结果如下（注意地址输出时因平台不同结果不一样）：

```
9
9
9
--------
10485308
10485308
10485308
--------
10485320
10485320
--------
10485312
```

9.2.13　指向二维数组的指针

指向二维数组的指针与指向字符串数组的操作相同。请直接看例子。

9.2.14　例 9-8：指向二维数组的指针示例

```
01  //ch9_8.cpp
02  //指向二维数组的指针
03
04  #include<stdio.h>
05  int main()
06  {
07    int arr[3][4]= {{1,2,3,4},{5,6,7,8},{9,10,11,12}};
08    int (*p)[4];  //二维数组指针
09    int i,j;
10
11    p=arr;    //p 指向二维数组 arr
12
13    for (i=0; i<3; i++)
14    {
15        for (j=0; j<4; j++)
16        {
```

```
17              printf("%d ",*(*(p+i)+j));  //双层取值
18          }
19          printf("\n");
20      }
21
22      return 0;
23  }
```

程序运行后的结果：

```
1 2 3 4
5 6 7 8
9 10 11 12
```

9.2.15　指向字符串数组的指针

若有如下的字符串数组：

char str[3][10]={"china","usa","canada"};

其数据在内存中存放情况如图 9.7 所示。

str[0] 模拟地址 —>	1000	c	h	i	n	a	\0	\0	\0	\0	\0
str[1] 模拟地址 —>	1010	u	s	a	\0	\0	\0	\0	\0	\0	\0
str[2] 模拟地址 —>	1020	c	a	n	a	d	a	\0	\0	\0	\0

图 9.7　字符串数组的地址

可以定义指向字符串数组的指针，并使其指向字符串数组，例如：

char str[3][10]={"China","USA","Canada"};
char (*p)[10];
p=str;

此时，p 与数组 str 的地址关系如图 9.8 所示。

模拟地址 —>	1000	str[0]<—p[0]
	1010	str[1]<—p[1]
	1020	str[2]<—p[2]

图 9.8　指向字符串数组的指针与字符串数组的地址关系

按照指针的定义，指针*p[10] 是二层指针，考虑到指针指向对象长度的不同，C 语言不支持任意定义的二层指针直接指向字符串数组，下面第 3 行语句是非法的：

```
char str[3][10]={"china","usa","canada"};
char **p;
p=str;
```

9.2.16 例 9-9：指向字符串数组的指针 —— 大写字母变小写

下面的程序使用指向字符串数组的指针，来实现将字符串数组大写字母变小写。注意
程序中通过指针来操作字符串数组中每个字符串的元素的过程。

```
01   //ch9_9.cpp
02   //指向字符串数组的指针 —— 大写字母变小写
03
04   #include<stdio.h>
05   int main()
06   {
07       char str[3][10]= {"China","USA","Canada"};
08
09       //因[]的优先级高于*, 所以*p 要加 (), 表示 p 是指针而不是数组
10       char (*p)[10];
11       int i,j;
12
13       p=str;
14
15       //输出每个字符串
16       for (i=0; i<3; i++)
17       {
18           printf("%s\n",*p);
19           p++;
20       }
21       printf("---------\n");
22
23       p=str; //指针重新定位到数组 str, 大写转小写
24       for (i=0; i<3; i++)
25       {
26           j=0;
27           while (str[i][j]!='\0')
28           {
29               if (*(*(p+i)+j)>64 && *(*(p+i)+j)<91)
30               {
31                   *(*(p+i)+j)+=32;
32               }
33               j++;
34           }
35       }
```

```
36
37     //输出每个字符串
38     for (i=0; i<3; i++)
39     {
40         printf("%s\n",*p);
41         p++;
42     }
43
44     return 0;
45 }
```

程序运行后结果：

```
China
USA
Canada
_____
china
usa
canada
```

本程序注意两点：

(1) 程序第 10 行中，指针数组声明：

char (*p)[10];

因 [] 的优先级高于*，所以*p 要加 ()，表示 p 是一个指向字符串的数组指针；*p[10] 首先是一个数组，且是含有 10 个元素的指针的数组。

(2) 对数组中字符串的元素的操作，应使用双层取值，且必须加圆括号，即使用如下的表达式：

((p+i)+j)

因为不同圆括号对应含义不同，内层表示字符串，外层表示每个字符串的单个元素。

9.3 函数参数的地址传递

随着对地址概念的进一步理解，就很容易理解变量地址作为函数参数传递的过程了。本书介绍两种参数为传递地址的方式：指针作为函数参数和变量地址作为函数参数。

9.3.1 指针作为函数参数

下面是指针作为函数参数的示例。

9.3.2　例 9-10：指针作为函数参数示例

```
01   //ch9_10.cpp
02   //指针作为函数参数
03
04   #include<stdio.h>
05   void addA(int*); //函数声明，整型指针变量参数
06   void addB(int);  //函数声明，整型变量参数
07   int main()
08   {
09      int nA=5;
10      int nB=5;
11
12      printf("调用函数前：\n");
13      printf("nA:%d\n",nA); //输出：nA:6
14      printf("nB:%d\n",nB); //输出：nB:5
15
16      addA(&nA); //参数传递为地址, 注意：不可以为 addA(nA)
17      addB(nB);  //参数传递为值
18
19      printf("调用函数后：\n");
20      printf("nA:%d\n",nA); //输出：nA:6
21      printf("nB:%d\n",nB); //输出：nB:5
22
23      return 0;
24   }
25
26   void addA(int *p)  //函数定义
27   {
28      (*p)++;
29   }
30
31   void addB(int b)  //函数定义
32   {
33      b++;
34   }
```

程序运行结果：

```
调用函数前：
nA: 5
nB: 5
调用函数后：
nA: 6
nB: 5
```

程序中的两个函数 addA()、addB() 都是自增函数，但 addA() 是参数为地址传递，addB() 是参数为数值传递。

在调用 addA() 和 addB() 之前，编译器已经根据第 9 行、第 10 行语句为变量 nA、nB 分配内存空间并赋值。调用 addB(nB) 时，为函数 addB() 内部变量 b 分配一块内存空间，并将实参 nB 的**值**传给 b（此时 nB 和 b 是两个不同地址的变量，只是两者值相同），然后执行语句"b++;"，却对 nB 没有任何操作，故在函数调用结束后，释放 b，而 nB 没任何变化。

但在调用 addA(&nA) 时的情况则不同，将实参 nA 的**地址**传给了函数 addA() 的指针变量 p，此时 p 与 &nA 是指向同一地址，即共享同一数据，若对指针 p 指向地址上的数据进行操作，就是对 nA 进行操作。执行语句"(*p)++;"等价于执行语句"nA++;"，因为是在同一块内存上操作。当函数调用结束后，指针 pA 释放内存，然而 nA 的值已经发生了变化。

这就是函数参数传递变量值和变量地址的不同。

至于选择哪种传递，就要看这个程序的具体目的和功能了，一般要对参数进行修改的要用地址传递，而只是调用参数的数据进行其他计算并不需要修改数据本身宜用数值传递。

9.3.3 数组作为函数参数

数组作为函数参数时，因为数组名表示地址，函数的参数是以地址方式传递的。

9.3.4 例 9-11：数组作为函数参数 —— 数组元素乘 10 后输出

```
01  //ch9_11.cpp
02  //数组作为函数参数 —— 数组元素乘 10 后输出
03
04  #include<stdio.h>
05  void fun(int []); //函数声明，整型数组作为参数
06  int main()
07  {
08      int arr[5]= {1,2,3,4,5};
09      int i;
10
11      printf("调用函数前：\n");
12      for (i=0; i<5; i++)
13      {
14          printf("%d ",arr[i]);  //1 2 3 4 5
15      }
16      printf("\n");     //换行
17
18      fun(arr); //函数调用, 实参为数组名 arr, 不可以使用 arr[]
19
20      printf("调用函数后：\n");
```

```
21      for (i=0; i<5; i++)
22      {
23          printf("%d ",arr[i]);    //10 20 30 40 50
24      }
25      printf("\n");
26
27      return 0;
28  }
29
30  void fun(int arr[]) //函数定义, 形参 arr 数组
31  {
32      int i;
33
34      for (i=0; i<5; i++) //数组元素乘 10
35      {
36          arr[i]*=10;
37      }
38  }
```

程序运行结果：

调用函数前：
1 2 3 4 5
调用函数后：
10 20 30 40 50

本程序的函数没有返回值，但是函数的功能（数组元素乘 10）的确实现了。这就是因为数组名作为函数参数时，传递的是数组的地址。此时，形参与实参是同一块内存区域，在调用函数时对数组元素的运算操作，就是直接操作主函数内的数组元素。

9.4 变量引用作为函数参数

9.4.1 引用的概念

C 语言中对变量的引用是指给变量起一个"别名"，即变量的另一个标识符名称，"别名"也称为引用名。通过引用名访问变量与使用变量本身的变量名访问的效果相同。引用名定义方法与指针类似，下面是引用名定义格式：

数据类型 **&引用名** =（已定义）变量名;

其中，数据类型与已定义变量名类型一致。例如：

```
int n=1;
int &nA=n;
```

这里的标识符 nA 定义为变量 n 的引用，它不是对变量 nu 的简单复制，而是 n 的别名，即 nA 和 n 指的是同一个变量，所代表的变量是同一个地址。

下面的示例演示引用。

9.4.2 例 9-12：变量引用示例

```
01  //ch9_12.cpp
02  //变量的引用
03
04  #include<stdio.h>
05  int main()
06  {
07      int n=1;
08      int &nA=n;  //定义 n 的引用名 nA
09
10      printf("n=%d,nA=%d\n",n,nA);  //1,1
11
12      n+=100;
13      printf("n=%d,nA=%d\n",n,nA);  //101,101
14
15      n*=3;
16      printf("n=%d,nA=%d\n",n,nA);   //303,303
17
18      printf("&n=%d,&nA=%d\n",&n,&nA); //输出的地址相同
19
20      return 0;
21  }
```

程序运行后输出：

```
n=1,nA=1
n=101,nA=101
n=303,nA=303
&n=10485316,&nA=10485316
```

从程序执行最后一行输出结果来看，变量与该变量的引用的地址相同。

引用与指针的取地址操作类似，但使用时要注意不同点：

(1) 当地址操作符 "&" 作为变量引用时，只能出现在赋值语句的左边，例如：

```
int &nA=n;
```

(2) 当地址操作符 "&" 作为指针变量取地址时，只能出现在赋值语句的右边，例如：

```
int n=1;
int *p=&n;
```

如果仅将引用作为变量的别名，用处不多（除非变量名特别长，需要用一个简单名称来代替）。实际上，引用更多的应用是作为函数参数传递，将形参声明为引用，函数就以引用的方式调用。请看下面的示例。

9.4.3　例 9-13：变量引用作为函数参数

```
01   //ch9_13.cpp
02   //变量引用作为函数参数
03
04   #include<stdio.h>
05   void addA(int &); //变量引用参数
06   void addB(int);   //整型变量参数
07   int main()
08   {
09       int nA=5;
10       int nB=5;
11
12       printf("调用函数前：\n");
13       printf("nA:%d\n",nA);  //输出：nA:5
14       printf("nB:%d\n",nB);  //输出：nB:5
15
16       addA(nA);
17       addB(nB);
18
19       printf("调用函数后：\n");
20       printf("nA:%d\n",nA);  //输出：nA:6
21       printf("nB:%d\n",nB);  //输出：nB:5
22
23       return 0;
24   }
25
26   void addA(int &a)
27   {
28       a++;
29   }
30
31   void addB(int b)
32   {
33       b++;
34   }[-0.15mm]
```

程序运行结果：

调用函数前：
nA：5
nB：5

调用函数后：

nA：6

nB：5

比较例 10-10 与例 10-13 两个示例，程序功能和运行结果完全相同，只是形参与实参形式有差别，但本质都是以地址形式传递参数，即形参与实参是一块内存区域。

指针的概念简单，语法简洁，操作灵活方便、功能强大，但在指针使用过程中，因内存操作涉及很多方面知识，很容易出现各种指针指向或操作错误，严重时甚至会造成系统崩溃。要完全掌控指针操作，需要长时间磨炼和积累。

习　题

1. 交换数组元素。从键盘上输入 10 个整数，保存到数组中，交换数组第一个位置和最后一个位置上的数，输出交换后的数组。要求：调用自定义交换值函数 swap() 函数实现。自定义函数：void swap(int *pA,int *pB)。

2. 逆序输出数组元素。定义一存储 10 个整数的数组，从键盘输入数组元素，然后按输入的顺序逆序输出。要求：定义指针变量指向数组，并使用指针进行输入，然后用指针逆序输出所有数组元素。

3. 输入两个实数，要求按值由小到大的顺序输出这两个数（以 2 位小数形式）。要求：定义两个浮点型指数变量分别指向两个变量，然后调用函数 sort 对两数进行升序排序。在主函数中输出两个普通变量。自定义函数为：void sort(float *pA, float *pB)。

4. 输入 10 个整数，寻找最大值以及所在位置并输出。要求用指针记录最大值的位置。

5. 输入两个整数，输出较大数。要求：调用自定义函数 max 获取两数中大数的地址。自定义函数为：int *max(int *pA,int *pB)。

6. 输入正整数 n，然后输入 n 个整数，输出最大值的位置。要求：通过调用自定义函数实现。自定义函数为：int max(int *p,int n)，其中 n 为数组中数的个数，函数返回最大值位置。

7. 输入一个字符串 (长度不超过 500)，判断是否回文，若是输出：yes，否则输出：no。要求：定义一个判断回文字符串函数: bool isPalindrome (char*)，并在主函数回调用该函数。

8. 输入一个字符串，输出其中大写英文字母、小写英文字母、数字和其他字符的个数。要求：自定义一个函数进行统计并输出，在主函数内调用该函数。

9. 输入一个数字字符串（如 1234），转换成正整数，并乘 2 后输出。要求：自定义函数：int StringToInteger (char *p)，函数返回数字字符串*p 对应的整数。提示：取数字字符转化为整数数字（–'0'或 –48），然后组成新数。

第10章 结 构 体

本 章 要 点

- 结构体数据类型。

10.1 结构体的概念

除了整型、浮点型、字符型等系统内置的基本数据类型外，C 语言支持用户根据需要构造新数据类型，包括结构体、枚举等，用于描述、处理较为复杂的对象。本章学习结构体数据类型。

将不同的数据类型的变量组合形成的一个整体就称为结构体。

10.2 结构体定义格式

结构体的定义格式如下：

struct 结构体类型名

{

**　　数据类型 成员变量名 1;**

**　　数据类型 成员变量名 2;**

**　　⋮**

**　　数据类型 成员变量名 n;**

};

例如，定义了一个学生结构体数据类型：

```
struct student
{
    int ID;
    char name[30];
    float weight;
};
```

student 就可以像 int、float 一样使用了，声明格式与声明 int、float 类型的变量完全相同。如下面的语句声明了两个 student 类型的结构体变量 stu1 和 stu2：

student stu1, stu2;

10.3　结构体成员访问

结构体变量的成员变量的访问方法为：

结构体变量名. 成员变量名

如果要通过指针来操作结构体类型的变量，需要先将指针指向结构体变量，其格式是：

结构体类型指针 =&结构体变量名；

注意要在结构体变量名前加地址操作符 "&"。

使用指针操作指针结构体变量的成员变量时，操作符为箭头操作符 "－＞"，其格式为：

结构体指针变量名 － ＞ 成员变量名

例 10-1：结构体应用 —— 学生结构体

下面给出一个学生结构体的例子，在这个示例程序中，示范了定义结构体数据类型、声明结构体变量、为结构体变量成员赋值，并分别使用两种方法访问结构体成员变量。

```
01  //ch10_1.cpp
02  //结构体示例 —— 学生结构体
03
04  #include<stdio.h>
05  #include<string.h>
06  struct student //定义结构体数据类型 student
07  {
08      int ID;
09      char name[30];
10      float weight;
11  };
12
13  int main()
14  {
15      student stuA= {201501,"Cheng Ying",48.95}; //为结构体变量 stuA 赋初值
16      student stuB;
17      student *p;
18
19      //为结构体变量 stuB 赋初值
20      stuB.ID=201502;
```

```
21      strcpy(stuB.name,"Wu Hong");  //不支持 strB.name="Wu Hong";
22      stuB.weight=52.23;
23
24      //输出结构体 stuA 成员变量
25      printf("%d\n",stuA.ID);        //输出：201501
26      printf("%s\n",stuA.name);      //输出：Cheng Ying
27      printf("%.2f\n",stuA.weight);  //输出：48.95
28      printf("--------\n");
29
30      p=&stuB;  //指针变量取变量 strB 的地址
31      //输出 strB 的成员变量值
32      printf("%d\n",p->ID);          //输出：201502
33      printf("%s\n",p->name);        //输出：Wu Hong
34      printf("%.2f\n",p->weight);    //输出：52.23
35
36      return 0;
37  }
```

程序运行后输出：

```
201501
Cheng Ying
48.95
--------
201502
Wu Hong
52.23
```

习　　题

1. 输入 5 名同学的姓名、成绩，保存到结构体数组中，输出平均成绩 (要求保留 2 位小数)。要求定义如下结构体类型：

```
struct student
{
    char name[20];
    float score;
};
```

2. 定义一个包含学生姓名和成绩的结构体。输入 15 名同学的姓名、成绩到结构体数组中，然后再输入一个成绩，查找该成绩是否存在，如果找到，输出该成绩的同学信息 (要求成绩保留 2 位小数)，如果没有找到，则输出：未发现。

3. 定义一个包含学生姓名和成绩的结构体。输入 15 名同学的姓名、成绩到结构体数组中，分别输出所有高于平均分的同学姓名和成绩以及不及格学生姓名和成绩。

第11章　文　　件

本 章 要 点

- 文件的概念。
- 函数对文件的读写操作。

11.1　文件的概念

文件是具有文件名并能在某种介质上长期储存的一组相关信息的集合。操作系统是以文件为单位对数据进行管理的。

按数据的组织形式，文件可分为两类：

(1) ASCII 文件 (文本文件)，每个字节放一个 ASCII 代码；

(2) 二进制文件，把内存中的数据按其在内存中的存储形式原样输出到磁盘上存放。

以十进制整数 10000 为例，按 ASCII 码形式存储的格式为[①]：

00110001	00110000	00110000	00110000	00110000
1	0	0	0	0

按二进制形式存储的格式为：

00100111	00010000

很明显，对同样的数据，以 ASCII 形式存储的文件占用的空间更大。

C 语言支持读写文件操作，这样就扩展了 C 程序处理数据的范围，尤其在处理数据量较大时特别方便，可以直接从原始记录文件中读取数据，减少繁琐的输入；同时，可将数据处理结果保存在文件中，以便后期利用（如生成图表、制作分析报告等）。

---

① 例如：字符'0'对应的 ASCII 码为 48，48 对应的二进制为：00110000。

11.2   文件读写函数

11.2.1   文件流

　　C 语言将文件作为数据流来处理，流的输入输出也称为文件的输入输出操作。当流到磁盘而成为文件时，意味着要启动磁盘写入操作。如果每流入一个字符 (文本流) 或流入一个字节 (二进制流) 均要启动磁盘操作，将降低传输效率，缩短磁盘使用寿命。为此，C 语言在写文件时使用了缓冲技术（也称为缓冲文件系统），即在内存中为输入磁盘文件的数据开辟一个缓冲区（Buffer），当流到该缓冲区的数据装满后，再启动磁盘一次，将缓冲区的数据输出到磁盘文件中。读文件时与写文件的操作类似。这种文件输入输出操作称为标准输入输出，或称流式输入输出。另一种是无缓冲区的文件输入输出，称为非标准文件输入输出。

11.2.2   文件 FILE 的数据结构

　　在 stdio.h 文件中定义了名为 FILE 的结构体：

```
typedef struct
{
    short level;                    //缓冲区"满"或"空"的程度
    unsigned flags;                 //文件状态标志
    char fd;                        //文件描述符
    unsigned char hold;             //如无缓冲区不读取字符
    short bsize;                    //缓冲区的大小
    unsigned char *buffer;          //数据缓冲区的位置
    unsigned char *curp;            //指针，当前的指向
    unsigned istemp;                //临时文件，指示器
    short token;                    //用于有效性检查
} FILE;
```

　　在缓冲文件系统中，每个被使用的文件都要在内存中开辟一个 FILE 类型的缓冲区，存放文件信息。

11.2.3   文件结构指针

　　在文件操作时，可以声明如下的文件结构指针：

```
FILE *fp;
```

这样，fp 是一个 FILE 类型结构体的指针变量，其作用是，可以使 fp 指向某一个文件的结构体变量，从而通过该结构体变量中的文件信息能够访问该文件。

11.2.4 文件的打开函数 fopen()

文件的打开操作表示为指定的文件在内存分配一个 FILE 结构区，并将该结构的指针返回给用户程序，以后程序就可用此 FILE 指针来实现对指定文件的存取操作了。当使用打开函数时，必须给出文件名、文件操作方式（读、写或读写等）。如果读文件时该文件名不存在，则读文件错；如果写文件时该文件名不存在，则创建该文件，并将文件指针指向文件开头；若写文件时已有一个同名文件存在，要根据写文件方式，来决定是删除该文件，再创建该文件，还是在原文件内进行操作（如追加）。

函数 fopen() 声明：

```
fopen(char *filename,char *type);
```

其中*filename 是要打开文件的文件名指针，一般用双引号括起来的文件名表示，也可使用双反斜杠隔开的路径名。而*type 参数表示对打开文件的操作方式，其可采用的操作方式参见表 11.1。

表 11.1 函数读写文件方式

方　式	含　义
r	打开，只读
w	打开，文件指针指到头，只写
a	打开，指向文件尾，在已存在文件中追加
rb	打开一个二进制文件，只读
wb	打开一个二进制文件，只写
ab	打开一个二进制文件，进行追加
r+	以读/写方式打开一个已存在的文件
w+	以读/写方式建立一个新的文本文件
a+	以读/写方式打开一个文件进行追加
rb+	以读/写方式打开一个二进制文件
wb+	以读/写方式建立一个新的二进制文件
ab+	以读/写方式打开一个二进制文件进行追加

当用 fopen() 成功打开一个文件时，该函数将返回一个 FILE 指针，如果文件打开失败，将返回一个 NULL 指针。

11.2.5 关闭文件函数 fclose()

文件操作完成后，必须要用 fclose() 函数进行关闭，这是因为对打开的文件进行写入时，若文件缓冲区未被写入的内容填满，这些内容不会写到打开的文件中从而丢失。只有对打开的文件进行关闭操作时，停留在文件缓冲区的内容才能写到该文件中去，文件才完整；另外，一旦关闭了文件，该文件对应的 FILE 结构将被释放，从而使关闭的文件得到保护，因为这时对该文件的存取操作将不会进行；文件的关闭也意味着释放了该文件的缓冲区。

函数 fclose() 声明如下：

　　int fclose(FILE *stream);

它表示该函数将关闭 FILE 指针对应的文件，并返回一个整数值。若成功地关闭了文件，则返回一个 0 值，否则返回一个非 0 值。

　　当打开多个文件进行操作，而又要同时关闭时，可采用 fcloseall() 函数，它将关闭所有在程序中打开的文件。其声明如下：

int fcloseall();

该函数将关闭所有已打开的文件，将各文件缓冲区未装满的内容写到相应的文件中去，接着释放这些缓冲区，并返回关闭文件的数目。如关闭 4 个文件，执行语句：

n=fcloseall();

结果 n 为 4。

11.2.6　文件的读写

　　以字符形式读写文件中字符的函数有：

int fgetc(**FILE** *stream);
int fgetchar(**void**);
int fputc(**int** ch, **FILE** *stream);
int fputchar(**int** ch);
int getc(**FILE** *stream);
int putc(**int** ch, **FILE** *stream);

其中 fgetc() 函数将把由流指针指向的文件中的一个字符读出，例如：

ch=fgetc(fp);

将把流指针 fp 指向的文件中的一个字符读出，并赋给 ch。当执行 fgetc() 函数时，若当时文件指针指到文件尾，即遇到文件结束标志 EOF(其对应值为 −1)，该函数返回一个 −1 给 ch。在程序中常用检查该函数返回值是否为 −1 来判断是否已读到文件尾，从而决定是否继续。

11.2.7　例 11-1：以字符形式读写文件操作示例

　　下面是以字符形式读写文件的操作示例，功能是从一个文本文件中读出字符，再写入到第二个文本文件中。注意：在运行程序前，先要在当前 C 程序文件夹下创建一个文件名为"myfile.txt"的文本文件（如果使用的是 Windows 系统，可以打开当前 C 程序文件所在文件夹，使用鼠标右键菜单："新建"|"文本文档"，打开系统自带的"记事本"进行输入和编辑）。

```
01  //ch11_1.cpp
02  //以字符形式读写文件示例
03
04  #include<stdio.h>
05  #include<stdlib.h>
06  int main()
07  {
08      FILE *fpA;    //用于打开第一个文件进行读操作
09      FILE *fpB;    //用于打开第二个文件进行写操作
10      char ch;
11
12      //打开第一个文件时,如果文件指针为空,输出信息并退出
13      if ((fpA=fopen("myfile.txt","r"))==NULL) //打开第一个文件,只读方式
14      {
15          printf("file cannot be opened\n");
16          exit(1);    //程序退出
17      }
18
19      //打开第二个文件时,如果文件指针为空,输出信息并退出
20      if ((fpB=fopen("myfile2.txt","w"))==NULL) //打开第二个文件,只写方式
21      {
22          printf("file cannot be opened\n");
23          exit(1);    //程序退出
24      }
25
26      while ((ch=fgetc(fpA))!=EOF) //EOF 为文件结束标志
27      {
28          fputc(ch,stdout);    //输出到标准输出设备(默认为屏幕)
29          fputc(ch,fpB);       //输出到文件 myfile2.txt
30      }
31
32      fclose(fpA);
33      fclose(fpB);
34
35      printf("\n");
36
37      return 0;
38  }
```

程序说明如下:

(1) exit() 函数在头文件 stdlib.h 中,其声明为:

void exit(int value);

exit 的作用是退出程序，并将参数 value 的值返回给主调进程。如语句：

    exit(n);

等效于在主函数 main() 中的语句：

    return n;

    (2) 程序以只读方式打开 myfile.txt 文件，在执行 while 循环时，文件指针每循环一次后移一个字符位置。用 fgetc() 函数将文件指针指向的字符读到 ch 变量中，然后分别用 fputc() 函数输出到屏幕和文件 myfile2.txt 中。

    fputc() 函数的作用是将字符变量 ch 的值写到流指针指定的文件中（显示器可视为一类标准输出文件），如果流指针参数（即第二个参数）是标准输出的 FILE 指针 stdout，则输出到显示器上；如果流指针参数是以写入方式打开的文件，则输出到该文件中。

    (3) 当读到文件结束标志 EOF 时，便关闭该文件。

    (4) 这里使用 char ch，其实是不科学的，因为最后判断结束标志时，是看 ch!=EOF，而 EOF 的值为 −1，这显然和 char 是不能比较的。所以，可以将 ch 定义成 int 类型。

    以字符串方式读写文件的函数有：

```
char *fgets(char *string, int n, FILE *stream);
char *gets(char *s);
int fputs(char *string, FILE *stream);
int fprintf(FILE *stream, char *format,variable−list);
int fscanf(FILE *stream, char *format, variable−list);
```

    使用说明：

    (1) fgets() 函数将把由流指针指定的文件中的 n−1 个字符，读到由指针 stream 指向的字符数组中去，例如：

```
fgets(buffer, 9, fp);
```

将 fp 指向的文件中的 8 个字符读到 buffer 内存区（缓冲区），buffer 可以是定义的字符数组，也可以是动态分配的内存区。

    注意，fgets() 函数读到'\n'就停止，而不管是否达到数目要求。同时在读取字符串的最后加上'\0'。

    fgets() 函数执行完以后，返回一个指向该串的指针。如果读到文件尾或出错，则均返回一个空指针 NULL，所以常用 feof() 函数来测定是否到了文件尾，或者用 ferror() 函数来测试是否出错。

    (2) gets() 函数执行时，只要未遇到换行符或文件结束标志，将一直读下去。因此读到什么时候为止，需要用户进行控制，否则可能造成存储区的溢出。

    (3) fputs() 函数想指定文件写入一个由 string 指向的字符串，'\0' 不写入文件。

    (4) 函数 fprintf()、fscanf() 同函数 printf()、scanf() 类似，其第二个参数为格式字符串，第三个参数为变量列表，不同之处就是 printf() 函数是向显示器输出，fprintf() 则是向流指针指向的文件输出；fscanf() 是从文件输入，scanf() 是从标准输入设备输入。

下面是以字符串形式读写文件的例子。

11.2.8　例 11-2：以字符串形式读写文件操作示例

下面是以字符串形式读写文件的操作示例，功能是从一个文本文件中读出字符串，并写入到第二个文本文件中，同时将程序内定义的字符串写入到第二个文件中。注意：在运行程序前，先要在当前文件 C 程序文件夹下创建一个文件名为"myfile.txt"的文本文件，方法与例 11-1 相同。

```
01  //ch11_2.cpp
02  //以字符串形式读写文件示例
03
04  #include<stdio.h>
05  #include<stdlib.h>
06  int main()
07  {
08      FILE *fpA;   //用于打开第一个文件进行读操作
09      FILE *fpB;   //用于打开第二个文件进行写操作
10
11      char strA[128];
12      char strB[128]="C is wonderful!";
13      float f=1.234;
14
15      //打开第一个文件时，如果文件指针为空，输出信息并退出
16      if ((fpA=fopen("myfile.txt","r"))==NULL) //打开第一个文件，只读方式
17      {
18          printf("file cannot be opened\n");
19          exit(1);    //程序退出
20      }
21
22      //打开第二个文件时，如果文件指针为空，输出信息并退出
23      if ((fpB=fopen("myfile2.txt","a"))==NULL) //打开第二个文件，只写方式
24      {
25          printf("file cannot be opened\n");
26          exit(1);    //程序退出
27      }
28
29      //从文件 myfile.txt 读出，输出到屏幕和文件 myfile2.txt
30      while (!feof(fpA)) //指针遇到文件结束符时结束循环
31      {
32          if (fgets(strA,128,fpA)!=NULL)
33          {
34              printf("%s",strA);        //输出到屏幕
35              fprintf(fpB,"%s\n",strA); //输出到文件 myfile2.txt
36          }
```

```
37      }
38
39      fputs(strB,fpB);        //将 strB 输出到文件 myfile2.txt
40      fprintf(fpB,"\n%f\n",f); //将 f 输出到文件 myfile2.txt
41
42      fclose(fpA);
43      fclose(fpB);
44
45      return 0;
46  }
```

程序第 30 行中 feof() 是检测流上的文件结束符，它有两个返回值：如果遇到文件结束，返回非零值，否则为 0。

习　　题

1. 从文件 score.txt 读入数据，并输出：（1）最高分的学号、姓名、成绩；（2）最低分的学号、姓名、成绩；（3）总记录数、平均分。

score.txt 文件的格式如下：

西施 1409010101 81
昭君 1409010102 99
玉环 1409010103 79
貂蝉 1409010104 60

2. 从文件 word.txt 读入一个字符串（其长度不超过 500），统计其中有多少个单词。其中：文件 word.txt 内容是包含多行的英文文本。

3. 从文件 word.txt 读入一个字符串（其长度不超过 10000），使用凯撒（Caesar）加密法加密并输出到文件 caesar.txt，密钥 key 为正整数，从键盘输入。其中：文件 word.txt 内容是包含多行的英文文本。

附录A　DevCPP的安装与使用

A.1　DevCPP 简介

DevCPP（或 Dev-C++）是一个优秀的 C/C++学习和开发工具软件，也是一款自由软件，遵守 GPL（General Public License）协议。它集合了 GCC、MinGW 等众多自由软件，并且可以从工具支持网站上取得最新版本的各种工具支持。使用者拥有 DevCPP 软件自由使用的权利，包括取得源代码等，同时必须遵守 GNU（"GNU's Not Unix"的递归缩写）协议。

DevCPP 使用 MinGW/GCC/Cygwin 编译器，遵循 C/C++ 标准。

DevCPP 集成了良好的开发环境，包括多页面窗口、工程编辑器以及调试器等，在工程编辑器中集合了编辑器、编译器、连接程序和执行程序，提供高亮度语法显示、自动缩进、括号与引号的成对输入等强大编辑功能，以减少编辑错误，还有完善的调试功能。DevCPP 的标识如图 A.1 所示。

图 A.1　DevCPP 标识

DevCPP 拥有大量的用户群，深受从 C/C++初学者到编程高手的喜爱。其主要特点有：

- 获取方便，自由软件。
- 安装快速，无须专门配置。
- 占用存储空间小。
- 支持 64 位操作系统。
- 编辑器界面友好，易于使用。

A.2　DevCPP 软件安装

(1) 下载 DevCPP 软件安装包到计算机，这是一个压缩文件，如图 A.2 所示。
(2) 双击软件包文件。
(3) 在工具栏单击"解压到"命令按钮，如图 A.3 所示。

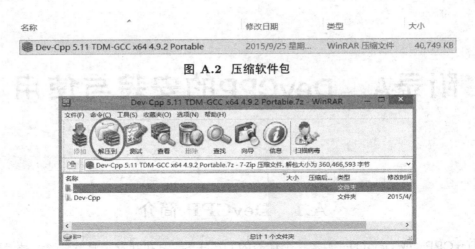

图 A.2 压缩软件包

图 A.3 解压缩

(4) 在打开的对话框中，选择解压路径和文件夹，然后单击"确定"按钮，如图 A.4、图 A.5 所示。

图 A.4 选择解压路径

图 A.5 解压中

(5) 完成解压后，到前面选定的安装路径和文件夹下找到 devcpp 文件，双击进行安装，如图 A.6 所示。

图 A.6 打开 devcpp.exe 文件

注意：首次打开 devcpp 文件时，可以设置 DevCPP 窗口界面使用的语言，如图 A.7 所示，也可以在运行 DevCPP 后，在菜单"选项"下进行设置（参见附录 A.4 的内容）。

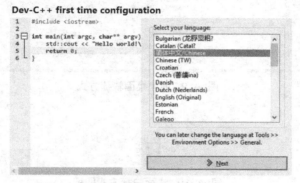

图 A.7 选择语言

(6) 进入 DevCPP 界面，安装成功！参见图 A.8。

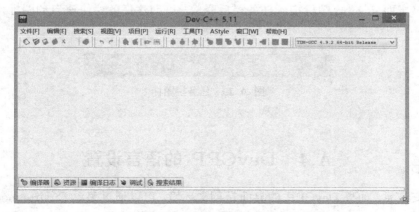

图 A.8 DevCPP 界面

A.3　创建桌面快捷方式和任务栏快速启动方式

按下面的方法，可以创建桌面快捷方式和任务栏快速启动方式，方便打开 DevCPP。

(1) 桌面快捷方式

进入 Dev-Cpp 文件夹，选择 devcpp.exe 文件，使用鼠标右键菜单"发送到"|"桌面快捷方式"，可创建桌面快捷方式，如图 A.9、图 A.10 所示。

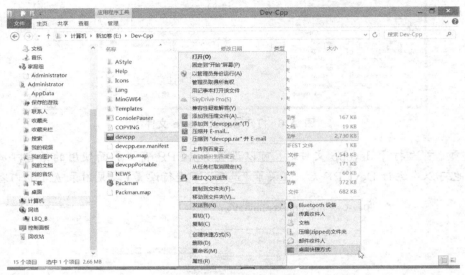

图 A.9　创建桌面快捷方式

图 A.10　桌面快捷方式图标

(2) 任务栏快速启动图标

鼠标将桌面 devcpp 图标拖到任务栏后释放，可创建任务栏快速启动图标，如图 A.11 所示。

图 A.11　任务栏图标

A.4　DevCPP 的语言设置

默认安装后，如果 DevCPP 的界面是英文环境，可以通过菜单 Environment Option，打开的 Environment Option 对话框，在 General 选项卡中选择 Language 中的"简体中文"即可，如图 A.12 所示。

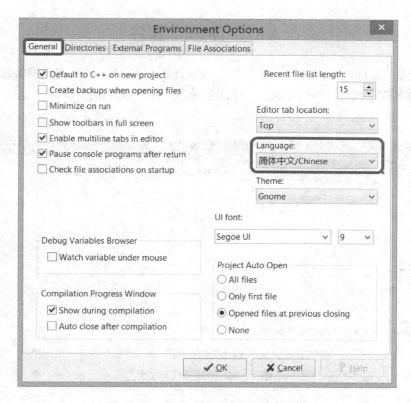

图 A.12　DevCPP 的语言环境设置

A.5　DevCPP 的工具条设置

使用菜单"视图"|"工具条"可设置显示或关闭常用的编辑、编译运行、查找、编译器等工具条，设置工具条后可方便鼠标操作，如图 A.13 所示。

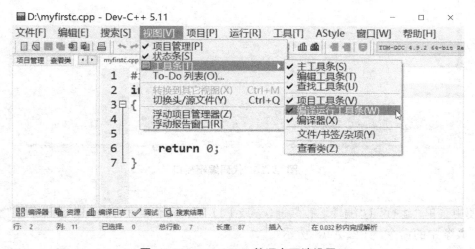

图 A.13　DevCPP 的语言环境设置

A.6   第一个程序

使用菜单"文件"|"新建"|"源代码"，或快捷键 Ctrl+N，进入代码编辑窗口，然后在编辑窗口输入程序代码。代码完成后，使用菜单"文件"|"另存为"，或快捷键 Ctrl+S，保存程序文件，如图 A.14～ 图 A.17 所示。

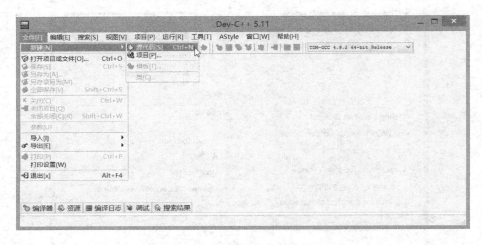

图 A.14   新建源代码文件

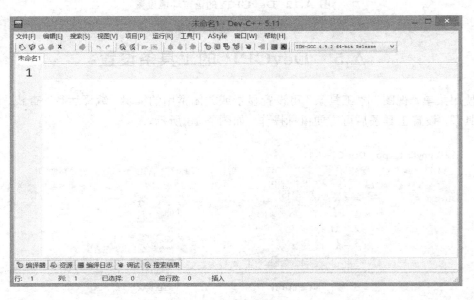

图 A.15   代码编辑窗口

使用菜单"运行"|"编译运行"命令，或 F11 键，编译运行程序。也可以使用"编译运行"工具条中的命令，如图 A.18 所示。

如果程序通过编译并正确运行，则在新窗口中显示结果，如图 A.19 所示。至此，第一个程序成功运行！

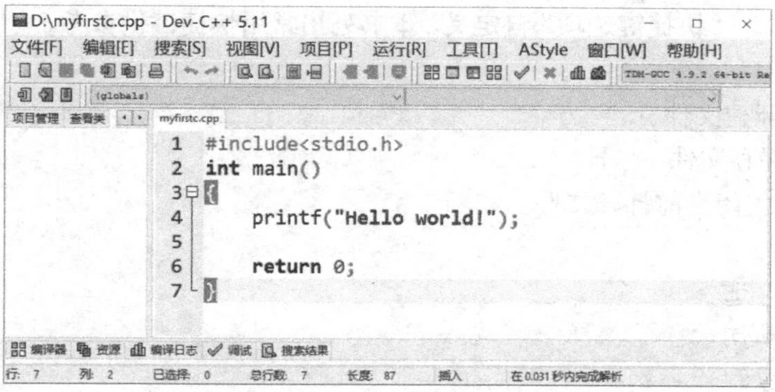

图 A.16 输入程序代码

图 A.17 保存程序代码文件

图 A.18 编译并运行工具条

图 A.19 显示结果窗口

A.7 DevCPP 常用快捷键

在编程过程中，大部分时间需要使用键盘进行输入、编辑、编译并运行，DevCPP 定义了一些常用操作的快捷键，如果熟练使用这些快捷键，可提高编程效率。部分快捷键可以

通过菜单"工具"|"快捷键选项"自定义。本书列出常用快捷键供参考。

文件类：

Ctrl+N：新建文件

Ctrl+S：保存文件

Ctrl+W：关闭当前打开文件

编辑类：

Ctrl+A：全选

Ctrl+X：剪切

Ctrl+C：复制

Ctrl+V：粘贴

Ctrl+?：注释/取消注释

Tab：缩进

Shift+Tab：取消缩进

Ctrl+E：复制行

Ctrl+D：删除行

Ctrl+Z：恢复

Ctrl+Y：重做

Shift+Ctrl+Up：向上移动选择的内容

Shift+Ctrl+Down：向下移动选择的内容

搜索类：

Ctrl+F：搜索

Ctrl+R：替换

Ctrl+G：到指定行

运行类：

F4：切换断点

F5：调试

F9：编译

F10：运行

F11：编译并运行

Ctrl+F9：检查当前文件语法

其他：

Ctrl+鼠标滚轮上下滚动：改变文本大小

附录B 程序的编辑与调试

B.1 程序的编辑

程序代码过程中，需要进行诸如输入、剪切、复制、粘贴、删除、缩进、查找、替换等操作，这些操作就是程序的编辑（Edit）。编辑程序需要编辑器来实现。

C/C++程序的代码在调试和运行前要保存为文件，保存文件时的默认文件类型名为：".cpp"，即 C++语句的类型名，要保存为仅 C 编译器支持的".c"文件类型名，需要另行选择。

理论上，这些程序代码文件可以使用任何一个文本编辑器进行编辑（如 Windows 自带的记事本、文本编辑器等），但是使用 C/C++ 集成开发环境（Integrated Development Environment，IDE），不但可以高效编辑程序代码，还可以进行后续程序的调试、运行等操作。

由于这些开发环境的编辑器内置了常用编辑、语法高亮（关键字、注释、变量等的字型与颜色不同）等强大编辑功能，可大大提高编程效率。有关编辑器基本设置（如自动缩进、自动括号等），字体显示、语法、代码等的设置，可通过菜单"工具" | "编辑器选项" 命令，在打开的"编辑器属性对话框"中进行设置，如图 B.1 所示。

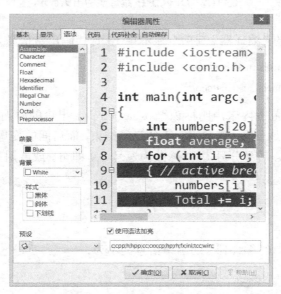

图 B.1 DevCPP 编辑器属性

本书的所有程序代码就是使用 DevCPP 软件完成代码编辑、编译和调试的。

B.2　程序的编译

编译（Compile）是将程序代码转换为用机器指令表示的目标程序和可执行程序的过程。

在 DevCPP 软件中，使用菜单"运行"|"编译"选项（或使用 F9 功能键），系统将对程序文件进行编译。编译过程中，如果程序中有语法错误，系统会将错误代码所在行反色显示（有时反色显示在相关的代码行），并将出错信息提示显示在 DevCPP 软件的"编译器"选项卡中，如图 B.2 所示。

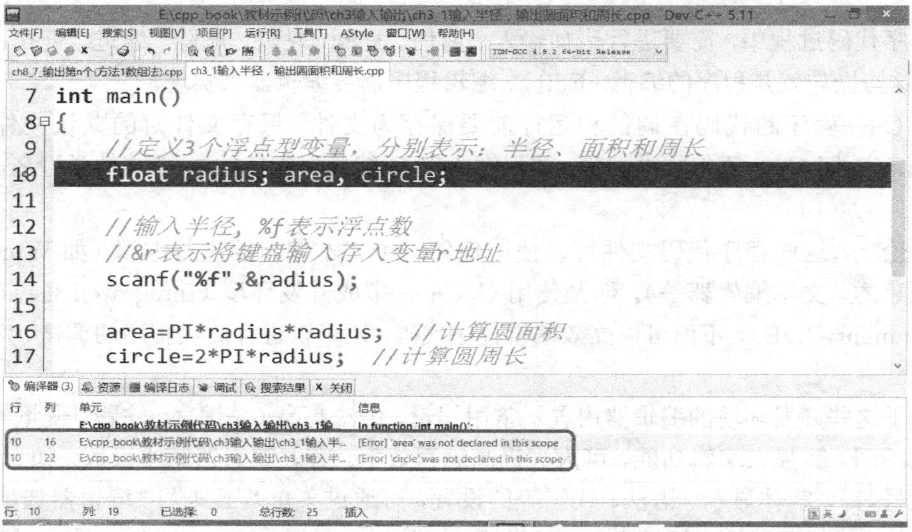

图 B.2　DevCPP 编译器的出错提示

例如：图 B.2 中的"编译器"选项卡显示第 10 行代码出错信息为：

'area' was not declared in this scope

'circle' was not declared in this scope

其含义是在本作用域范围内未声明标识符 area、circle。出错的原因是第 10 行变量声明语句中的变量 radius 后是分号，变量声明语句已经结束，而后面的变量 area、circle 需要另一个声明语句，将 radius 后是分号（；）修改为逗号（,）即可。或者用下面语句来代替：

float radius;

float area;

float circle;

又如，在图 B.3 中，"编译器"的出错信息提示为：

expected ')' before ';' token

其含义是在分号"；"前缺少右圆括号"）"。

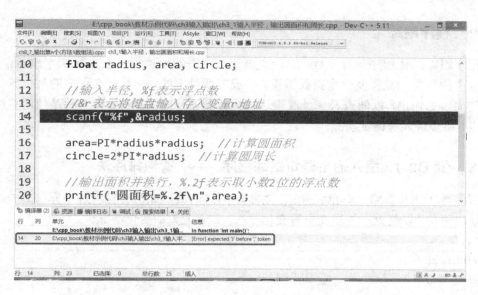

图 B.3　DevCPP 编译器的出错提示

初学者刚入门时难免遇到语法错误，只要认真阅读编译器的出错提示，结合相关语法知识，可很快排除错误。

DevCPP 软件提供了快捷键 Ctrl+F9 专门检查当前程序文件的语法。

B.3　程序的运行

如果程序编译成功，DevCPP 将自动在当前文件所在文件夹下生成一个可执行文件（".exe"），选择菜单"运行"|"运行"命令（或使用功能键 F10），则调用该可执行文件，这个过程就是程序的运行（Run）。

DevCPP 提供了功能键 F11，将编译和运行命令合二为一、贯通执行，十分方便。

B.4　程序的基本调试方法

如果程序编译成功，表明通过语法检查并生成可执行文件，但运行时可能出错，这时需要对程序进行调试（Debug）。

一般来说，程序总是存在错误的，可以认为"错误"是程序的基本特征之一。因此编程中遇到错误并不可怕，通过一定的方法和训练，可以做到快速、准确地排除绝大部分错误。

本节介绍基本调试方法。

B.4.1　标准数据检验

假设程序运行时，已知一组输入数据和及其正确的输出结果，则可以将这组输入数据作为标准输入数据进行检验，查看输出结果，与正确结果比对。

如编程输出第 n 个素数，程序运行后输入 n 为 1、2、3 等测试，正确结果对应为 2、3、5 等。

B.4.2   程序跟踪

程序跟踪是让程序一行一行，或一个语句一个语句地执行，通过观察、分析程序在执行过程中的数据和流程变化来查找错误。一般有两种方法，一种是在程序的某位置插入输出语句向屏幕输出，以便查看变量或表达式执行到该行时的结果；另一种是使用系统的设置断点、单步进入等调试功能。

B.4.3   例 B2-1：插入输出语句跟踪程序 —— 冒泡排序法

冒泡排序法在数组一章已经介绍。本程序的目的演示如何在冒泡排序算法的外循环内插入输出语句，以便查看外层变量每变化一次，数组元素的变化情况。

```cpp
01    //B2_1.cpp
02    //插入输出语句跟踪法 —— 冒泡排序法
03
04    #include<stdio.h>
05    int main()
06    {
07        const int N=5;
08        int arr[5]= {9,1,5,8,3};
09        int temp;
10        int i,j,k;
11
12        printf("排序前: ");
13        for (i=0; i<N; i++)
14        {
15            printf("%d ",arr[i]);
16        }
17        printf("\n");
18
19        for (i=0; i<N−1; i++)
20        {
21            for (j=i+1; j<N; j++)
22            {
23                if (arr[i]>arr[j])
24                {
25                    temp=arr[i];
26                    arr[i]=arr[j];
27                    arr[j]=temp;
28                }
29            }
30
31            //插入输出语句
32            printf("外层第 %d 次循环结果:",i+1);
```

```
33        for (k=0; k<N; k++)
34        {
35            printf("%d ",arr[k]);
36        }
37        printf("\n");
38    }
39
40    //输出排序后的数组
41    printf("排序后：");
42    for (i=0; i<N; i++)
43    {
44        printf("%d ",arr[i]);
45    }
46    printf("\n");
47
48    return 0;
49 }
```

程序的第 32~38 行就是为了观察外层循环数组元素的变化结果。程序运行结果：

```
排序前：9 1 5 8 3
外层第1次循环结果：1 9 5 8 3
外层第2次循环结果：1 3 9 8 5
外层第3次循环结果：1 3 5 9 8
外层第4次循环结果：1 3 5 8 9
排序后：1 3 5 8 9
```

输出结果非常清晰的表明：对于冒泡排序法中的嵌套循环，当外层循环变量 i=0、1、2、3 时，将 1、3、5、8 依次交换到第 1、2、3、4 的位置。

注意：程序调试成功后，可以将插入的输出语句删除或在这些语句前加注释（编译器不编译注释）。

B.4.4 边界检验

在测试程序数据时，要重点检查边界和特殊值。如编程将百分制成绩转换为"优"、"良"、"中"、"及格"、"不及格"时，要检查 101、100、−1、0、1、99、91、90、89 等情形。

B.4.5 简化程序

可以通过对程序进行某些简化来完成调试。常用的简化方法有：减少循环嵌套层数、减少循环次数、缩小选择控制或循环范围、缩小数组取值范围、屏蔽某些次要的程序段。

例如，计算 1~N 之间（含 1 和 N）的所有偶数和，其中 N 为从键盘输入的任意正整数。在设计程序时，可以先设置循环变量 i 的循环范围为 1~10，或者 1~7，在这样比较小的循环范围内的结果是很容易验证正误的。如果在适当小的范围内正确，基本可保证整个范围内正确（不是绝对）。

B.5　DevCPP 的跟踪调试功能

程序虽然通过编译，但仍可能存在各种错误，如无法运行（死循环）、运行时程序看不到结果、结果不正确、部分不正确、未达到设计预期目的等。要排除此类错误，可以采用上一节介绍的程序基本调试方法。此外，可以使用 DevCPP 的"调试"功能，这是一种高效、专业的查找运行错误的方法。下面简要介绍这一方法。

DevCPP 的"调试"功能的主要手段有设置断点（break point）、跟踪和观察。所谓断点，就是在程序中设置一个特殊位置，当运行程序时，到这个位置自动停下来，以便观察变量的变化、函数的调用等情况。

在使用 DevCPP 的调试功能前，需要设置调试信息可用，方法是，使用菜单"工具"|"编译器选项"，打开"编译器选项"对话框，在选项卡"代码生成/优化"|"连接器"下，将"产生调试信息"设置为"Yes"，如图 B.4 所示。

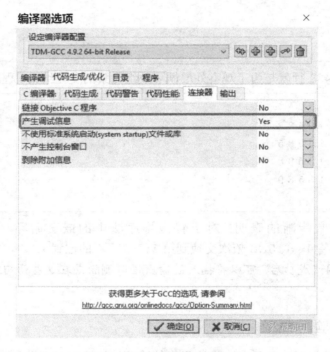

图 B.4　设置产生调试信息可用

B.5.1　设置断点

DevCPP 设置断点（或取消已设置的断点）的方法是：

(1) 鼠标单击编辑窗口左侧的"行号"工具条的行号，将该行设置为取消断点。

(2) 使用菜单"运行"|"切换断点"命令，或使用 F4 功能键，将当前光标所有行设置为断点。

注意：可以设置多个断点。

设置断点后，断点所在行默认标记背景为红色，文字反色显示。效果如图 B.5 所示。

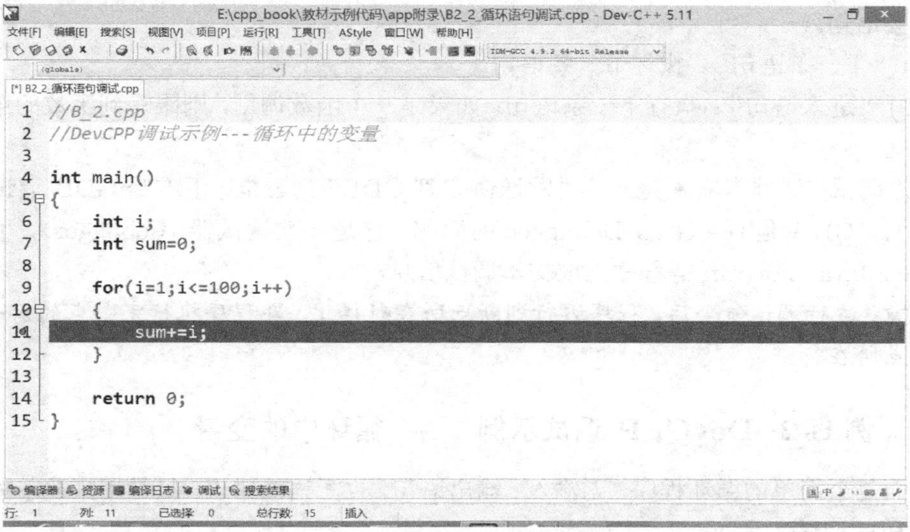

图 B.5　设置断点

B.5.2　调试

使用菜单"运行"|"调试"命令，或使用功能键 F5，DevCPP 进入调试模式。此时，DevCPP 在编辑窗口下方自动显示"调试"选项卡，如图 B.6 所示。

图 B.6　调试选项卡

在这个选项卡中，包含了常用调试命令，下面作一个简单介绍。

(1) "调试"：开始执行调试，并停止在第一个断点。

(2) "停止执行"：终止当前的调试过程。

(3) "添加查看"：为调试添加变量，方便跟踪和观察变量的变化。

(4) "查看 CPU 窗口"：查看当前运行点在 CPU、寄存器的内容。

(5) "下一步"：单步执行。如果是一条语句，则单步执行；如果是一个函数，将此函数一次执行完毕，运行到下一条语句。

(6) "单步进入"：如果是一条语句，则单步执行；如果是一个函数调用，则跟踪到函数的第一条可执行语句。

(7) "跳过"：直接从一个断点执行到下一个断点。如果有两个或两个以上断点，运行此命令时，直接从一个断点执行到下一个断点。如果断点为循环体内语句，则直接执行到下一次循环到同一断点，直到循环结束。

(8) "跳过函数"：从函数体内运行到函数体外，即从当前位置执行到调用该函数语句的下一条语句。

(9) "下一条语句"：执行下一条语句。

(10) "进入语句"：执行下一条语句；如果是一个函数调用，则跟踪到函数的第一条可执行语句。

在"调试"选项卡右侧是一个"发送命令到 GDB"列表框，下方是 GDB 调试返回的文本信息。GDB 是 the GNU Debugger 的简称。它是一款调试器（debugger），可用于为 C/C++、Java、Fortran 等程序生成文本调试信息。

注意：运行调试命令后，程序运行到断点所在行停止，即程序执行完断点的前一行，未执行断点所在行。

B.5.3　例 B-2：DevCPP 调试示例 —— 循环中的变量

下面是个简单的循环程序，无输入、输出语句，也无语法错误，只是用来演示如何使用 DevCPP 的调试工具。

```
01   //B_2.cpp
02   //DevCPP 调试示例 —— 循环中的变量
03
04   int main()
05   {
06       int i;
07       int sum=0;
08
09       for(i=1;i<=5;i++)
10       {
11           sum+=i;
12       }
13
14       return 0;
15   }
```

按下面步骤进行调试。

(1) 使用菜单"视图"|"项目管理"命令，在编辑窗口左侧添加项目管理窗格，如图 B.7、图 B.8 所示。

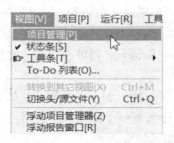

图 B.7 菜单"视图"|"项目管理"

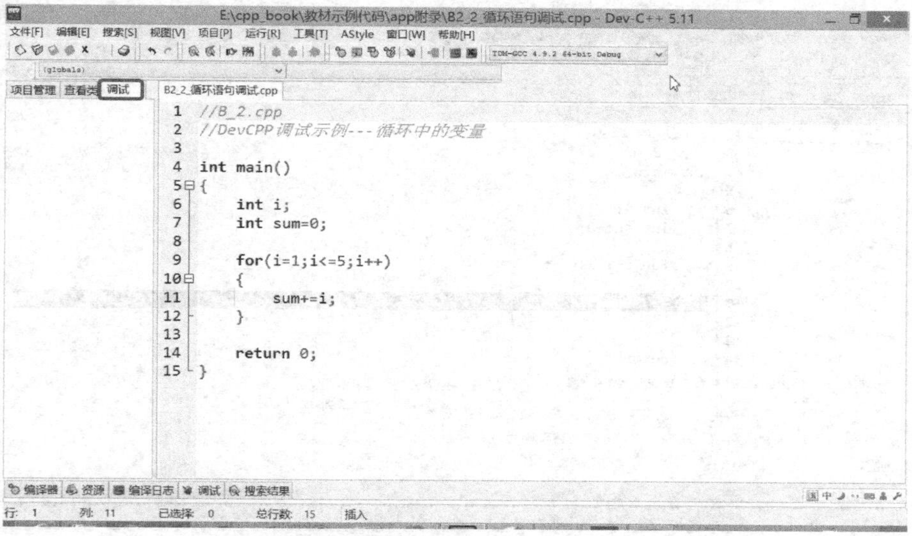

图 B.8 "项目管理"的"调试"界面

如果在菜单"视图"中选定"项目管理"后,"项目管理"窗格未显示,可以将鼠标移到编辑窗口的最左边,等光标变为左右方向箭头时双击鼠标,或按下鼠标向右拖动即可,如图 B.9 所示。

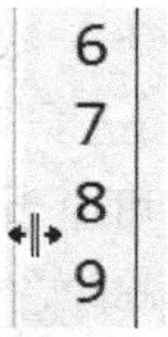

图 B.9 鼠标拖动显示"项目管理"窗格

(2) 设置断点。鼠标单击第 11 行左侧的行标工具栏或选择第 12 行程序,按 F4 键,如图 B.5 所示。

(3) 编译。使用菜单"运行"|"编译"命令,或按 F9 键,对程序进行编译,如果有语法错误,则必须逐个排除,直到通过编译。

(4) 调试。使用菜单"运行"|"调试"命令,或按 F5 键,在编辑窗口下方显示"调试"选项卡,如图 B.6 所示。

(5) 添加查看。鼠标在程序中选定变量,然后单击"调试"选项卡中的"添加查看",将变量 i、sum 添加到"项目管理"|"调试"选项卡中,如图 B.10、图 B.11 所示。

图 B.10 添加查看新变量

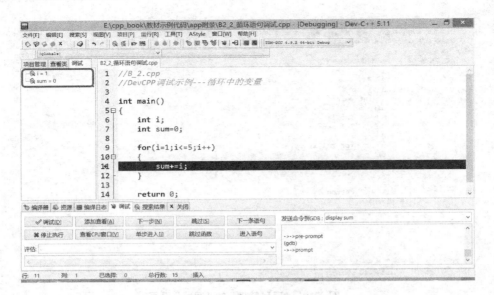

图 B.11   查看变量值的变化

(6) 查看变量变化过程。单击"调试"选项卡中的"下一步"或"单步进入"，可查看程序执行一步时变量 i、sum 的变化。

单击"跳过"，可查看程序执行到下一个断点变量 i、sum 的变化。本例因为断点第 11 行设置在循环体内，所以下一个断点就是下一次循环中同一行语句，即第 11 行语句本身。因此，每执行"跳过"命令一次，变量 i、sum 同时变化一次。

单击"下一条语句"或"进入语句"，可查看程序每执行一条语句变量 i、sum 的变化。注意 for(i=1; i<=5; i++) 包括三条语句，每次循环结束时还要再执行 i++，再加上循环体中的语句 sum+=i，共需执行 5 条命令。

附录C　ASCII表

码值	字符	码值	字符	码值	字符	码值	字符
0	NUT	32	(SPACE)	64	@	96	'(重音符)
1	SOH	33	!	65	A	97	a
2	STX	34	"(双引号)	66	B	98	b
3	ETX	35	#	67	C	99	c
4	EOT	36	$	68	D	100	d
5	ETX	37	%	69	E	101	e
6	ACK	38	&	70	F	102	f
7	BEL	39	'(单引号)	71	G	103	g
8	BS	40	(	72	H	104	h
9	HT	41	)	73	I	105	i
10	LF	42	*	74	J	106	j
11	VT	43	+	75	K	107	k
12	FF	44	,(逗号)	76	L	108	l
13	CR	45	-	77	M	109	m
14	SO	46	.	78	N	110	n
15	SI	47	/(斜杠)	79	O	111	o
16	DLE	48	0	80	P	112	p
17	DC1	49	1	81	Q	113	q
18	DC2	50	2	82	R	114	r
19	DC3	51	3	83	S	115	s
20	DC4	52	4	84	T	116	t
21	NAK	53	5	85	U	117	u
22	SYN	54	6	86	V	118	v
23	ETB	55	7	87	W	119	w
24	CAN	56	8	88	X	120	x
25	EM	57	9	89	Y	121	y
26	SUB	58	:	90	Z	122	z
27	ESC	59	;	91	[	123	{
28	FS	60	<	92	\(反斜杠)	124		
29	GS	61	=	93	]	125	}
30	RS	62	>	94	^(音调符)	126	~
31	US	63	?	95	_(下划线)	127	DEL

附录D　运算符优先级与结合方向

优先级	运算符	含　义	结合性
1(最高)	( )	圆括号	⇒ 自左向右
	[ ]	数组下标	
	.	结构体或对象成员	
	− >	指针访问结构体或对象成员	
2	!	逻辑非	← 自右向左
	~	按位取反	
	+, −	取正, 取负	
	++,−−	自增, 自减	
	*	地址上取值	
	&	取地址	
	sizeof	数据类型长度	
3	*, /, %	乘法, 除法, 模	⇒ 自左向右
4	+, −	加, 减	⇒ 自左向右
5	< <, > >	左移, 右移	⇒ 自左向右
6	<, <=, >, >=	关系	⇒ 自左向右
7	==, !=	关系	⇒ 自左向右
8	&	按位与	⇒ 自左向右
9	^	按位异或	⇒ 自左向右
10	|	按位或	⇒ 自左向右
11	&&	逻辑与	⇒ 自左向右
12	||	逻辑或	⇒ 自左向右
13	?:	条件运算	← 自右向左
14	=	赋值	← 自右向左
	+=, −=, *=, /=, %= &=, ^=, | =, < <=, > >=	复合赋值	
15(最低)	,	逗号运算	⇒ 自左向右

说明:

(1) 优先级最高的运算符是圆括号"()",对于运算符较多的混合运算,当优先级把握不准时,可使用圆括号"()"来明确规定运算次序。

(2) 优先级相同时，大部分运算符的结合方向是"⇒ 自左向右"，如：x*y/3/z，其运算次序为：((x*y)/3)/z。

(3) 优先级相同时，少部分运算符的结合方向是"自右向左"，如 i＝j＝k＝0，计算顺序依次是：0 赋值给 k；k 的值（k＝0）赋值给 j，j 的值（j＝0）赋值给 i，运算结果：i、j、k 的值均为 0。

(4) "<<=" 为左移复合赋值，">>=" 为右移复合赋值，"&=" 为按位与复合赋值，"^=" 为按位异或复合赋值，"|=" 为按位或复合赋值。

参考文献

[1] 鲁琴, 曹传晏. 斯坦福大学程序设计入门类课程研究. 计算机教育, 2015(5): 107-111.

[2] Mehran Sahami. Programming mtehodolody (编程方法学). 斯坦福大学公开课: http://v.163.com/special/sp/programming.html.

[3] LinDen P.V.D 著, 徐波译, 裘宗燕译. Expert C Programming Deep C Secrets(中文版). 北京: 人民邮电出版社, 2008.

[4] Stanley B. Lippman, Josée Lajoie, Barbara E. Moo 著, 王刚、杨巨峰译. C++ Prime(中文版第五版). 北京: 电子工业出版社, 2013.

[5] Biarne Stroustrup 著, 裘宗燕译. The C++ Programming Language: Special Edition(中文版). 北京: 机械工业出版社, 2010.

[6] 罗建军. 计算机程序设计基础. 北京: 清华大学出版社, 2009.

[7] 韩滨等著. C 函数库 C++ 类库使用手册. 北京: 电子工业出版社, 2004.

[8] 徐人凤等著. 软件编程规范. 北京: 高等教育出版社, 2008.

[9] Eric Steven Raymond. How To Ask Questions The Smart Way(提问的智慧, pdf 文件, 29 页). 百度文库: http://wenku.baidu.com.